DESPERATE HAUSBAU –

WIE MAN BAUT UND TROTZDEM LACHT

Lieber Leser, liebe Leserin

Vorweg: Ich wohne nicht in Hinterholz 8. Was Sie da vielleicht einmal in Kino oder TV gesehen haben, war keine Homestory oder Satellitenliveübertragung. Alles nur Fiktion.

Erfunden, aber nicht weit hergeholt. In einer Zeit zusammengetragen, als der Wunsch nach einem Haus im Grünen ... Also wirklich im Grünen und nicht in einem Häuslbauerghetto am Rande der Stadt, umzingelt von Shoppingcentern und Freizeitvernichtungsanlagen. Einfach im Grünen. Mitten auf der Wiese mit Blick auf Wald und Getier ... Als also diese Sehnsucht in mir reifte, führte mich eine Mountainbiketour zu meinem Lebensplatz, meiner Heimat. Ein in den, so schien es, letzten Zügen einer Renovierung liegendes Häuschen. Davor eine mit zittriger Hand auf Karton verfasste Botschaft: Zu Verkaufen. Mit einem vom Schicksal gezeichneten Mann, vom Objekt geprügelten Bauherrn, schloss ich einen Handel. Ich übernehme seine Schulden, im Gegenzug dazu überlässt er mir seine vergeudeten Baustellenjahre. Ich hatte ein Haus. Unerwartet, ungeplant vom Schicksal mir zugetragen. Gemeinsam mit Freunden unter sparsamem Einsatz von Professionisten vollendete ich das zum Teil schwer verpfuschte Werk. Der Fokus auf nur ein Ziel gerichtet: Wann ziehe ich ein? Das Haus hatte für kurze Zeit die Macht über mein Leben übernommen. Der erste wohnhafte und zu belebende Raum war mein zukünftiges Büro. Dort begann ich die Erlebnisse rund ums Eigenheim zu einer fiktiven Geschichte zu formulieren. Dazwischen errichtete ich im Keller eine Ytongwand. Das war vor 15 Jahren. Aus der Geschichte wurde ein Theaterstück und in weiterer Folge ein Kinofilm. Ich hatte damit gesagt, was ich zum Thema zu sagen hatte. Dieses Buch erlaubt mir nun eine kleine Erweiterung:

Das Haus steht noch immer, wurde mittlerweile vergrößert und seine südliche Glasfront gewährt

mir jetzt gerade, beim Schreiben dieser Zeilen, einen Ausblick, der mir zur Kraft geworden ist. Kino für die Seele. Was für ein Blick. Der Kapitän auf der Brücke, der Bergsteiger am Gipfel, der König über seinem Königreich.

Es ist der Platz. Nicht das Haus. Das Haus wird immer nur Mittel zum Zweck sein. Der Platz, an dem Sie Ihren Familiensitz gründen, war ewig und wird immer sein. Suchen Sie jenen Ort, für den es sich lohnt, einige Jahre Ihres Lebens zu opfern, dann haben Sie beim ersten Spatenstich bereits gewonnen. Ihnen kann nichts mehr passieren. Ob Wohnwagen oder Schloss, es ist bedeutungslos geworden.

Was auch immer Ihnen rund um Ihre eigenen vier Wände noch bevorsteht. Bleiben Sie gelassen. Weiden Sie sich an den Erfolgen und nehmen Sie Rückschläge mit Gelassenheit. Kein Eigenheim ohne Kummer und Mühsal. Sie werden daran wachsen und um eine Geschichte Ihres Lebens bereichert sein.

Und bevor Sie über Ihre zukünftigen Netzwerkanschlüsse nachdenken, überlegen Sie, an welchem Platz Ihr Gemüse wachsen wird.

Haben Sie eine gute Zeit.
Roland Düringer

DESPERATE HAUSBAU?

Am Ende der Verzweiflung steht Ihr Traumhaus

Wie es zum Buch kam

Ein Glas Rotwein zu später Stunde war an der Geburt von DESPERATE HAUSBAU beteiligt.

Nach einem gelungenen Hausbau-Seminar wurde beim anschließenden gemütlichen Ausklang im Gespräch mit angehenden und erfahrenen Hausbauern vom Hausplaner wieder einmal bemerkt, dass gewisse Pannen, Ärgernisse, Fehler und „Einfahrer" bei vielen Bauprojekten immer wieder vorkommen. Die Betroffenen verschweigen diese Pannen anfangs häufig, doch nach dem oben erwähnten Glas Rotwein zu später Stunde wird die Zunge meist lockerer. Daraufhin standen wir in einer geselligen Runde und konnten über die vorgetragenen Pannen bei Neu- und Umbauten nur abwechselnd vor Staunen den Kopf schütteln und andererseits über die Hoppalas lachen. Wobei die Baufrauen- und Herren – wenn überhaupt – meist erst nach einigen Jahren ihren Humor wiederfinden.

Der altbekannte Spruch „Das erste Haus baue für Deinen Feind, das zweite für Deinen Freund und erst das dritte für Dich selbst" hat leider immer noch Gültigkeit, da häufig unüberlegt, vorschnell und ohne das richtige Bauteam begonnen wird. Oft wird bereits in der Rohbauphase wieder geändert und umgeplant, Mehrkosten und schlecht geplante Grundrisse und Baudetails sind die Folge.

Damit Ihnen, liebe angehende Baufrauen- und Bauherren, diese Fehler nicht auch so schnell passieren und damit Sie, liebe Bewohner von fertiggestellten Häusern, auch wieder einmal etwas zu lachen haben, ist dieses Buch entstanden.

Die Autoren

www.desperatehausbau.at
www.traumhausplanung.at
www.hausbauforum.at

Inhalt

Inhalt

Vom Schenker auszufüllen
(Bitte ausfüllen, falls dieses Buch als Geschenk gedacht ist)

Meine/Unsere Wünsche für die Baufrau/den Bauherren:

- ❏ Sehr viel Zeit und Ruhe für die Planungsphase!
- ❏ Gute Nerven und sehr viel Zeit für den Baubetrieb!
- ❏ Einen unerschöpflichen Kreditrahmen der Bank.
- ❏ Eine Frau mit Maler-, Fliesenleger-, Tischler-, Elektro- und Gärtnerfähigkeiten.
- ❏ Einen Mann mit Architekten-, Baumeister-, Zimmermeister- und Installateurfähigkeiten.
- ❏ Eine Familie, die den ganzen Trubel aushält und nachher auch noch da ist.
- ❏ Freunde, die einen manchmal aus dem Baustress reißen und sich bei einem Glas Wein (oder Bier) anjammern lassen.
- ❏ Eine große Verwandtschaft mit hilfsbereiten Handwerkern in allen Bereichen und mit viel Freizeit.
- ❏ Dass Du/Ihr ein Leben lang glücklich und zufrieden im neuen Zuhause wohnst/wohnt!
- ❏ Dass die Fehler, die in diesem Buch vorkommen, von Dir/Euch nicht wiederholt werden.
- ❏ Ich/Wir werde(n) gerne stundenlang/wochenlang mithelfen!
- ❏ Eine Mithilfe ist leider aus gesundheitlichen Gründen nicht möglich. Das Arztattest schicke ich noch!
- ❏ Du/Ihr kannst/könnt mich jederzeit anrufen, wenn es Dir/Euch zuviel wird! Dann gehen wir auf ein Glas Rotwein/Bier und ich/wir lasse(n) mich/uns verständnisvoll anjammern.

Mit ganz lieben Grüßen von

Von den Bauwilligen auszufüllen
(Zutreffendes bitte ankreuzen!)

Ich/Wir bestätige(n) mit meinem/unserem Kopfnicken, dass ich/wir auf folgende Punkte achten werde(n):

- ❏ Die Fehler, die in diesem Buch vorkommen, werden nicht wiederholt.
- ❏ Es gibt genug Zeit für die Grundrissplanung inkl. Einrichtung, Garten und Außenanlagen.
- ❏ Jeder unnötig geplante Quadratmeter kostet viel Geld, Energie und Pflege.
- ❏ Ich/Wir überlege(n) mir/uns sinnvolle Haustechnik- und Elektroinstallationen.
- ❏ Wir vergleichen die Angebote richtig und lassen uns nicht unter Druck setzen.
- ❏ Der Finanzplan und die Höhe der Kreditraten passen mit meinen/unseren Einnahmen zusammen. Es bleibt auch jedes Monat noch etwas über.
- ❏ Ich/Wir weiß/wissen, dass das Traumhaus/die Traumwohnung immer mehr kostet, als befürchtet.
- ❏ Die Meinung von selbst ernannten Spezialisten wird nicht immer ernst genommen.
- ❏ Die Tipps von seriösen Fachleuten höre(n) ich/wir mir/uns an. Dass ein guter Planer & Baubegleiter sich meistens von selbst rechnet, ist mir/uns bekannt.
- ❏ Meine/Unsere Familie weiß, welcher Trubel auf sie zukommt. Daher werden auch beim Bauzeitplan Reserven, Pausen und Urlaube eingeplant, damit die Familie nachher auch noch beisammen ist.
- ❏ Mein/Unser Zuhause wird eventuell auch gleich altengerecht (z. B. rollstuhltauglich), für zukünftige Energieformen (z. B. Photovoltaik) und für geänderte Klimabedingungen (z. B. Stürme, Hitze, Starkregen) vorbereitet.
- ❏ Es wird erst dann begonnen, wenn ich/wir ein gutes Gefühl dabei habe(n)!

Das sind die bauerfahrenen DESPERATE HAUSBAUER und Autoren dieses Buches

Brigitte Fuchsbauer
Hausbauerin
Als Chefin eines Installationsbetrie-
bes mit beiden Polen des Haus-
bauglobus vertraut. Bewohnt mit
ihrer Familie seit 2006 ein Passivhaus in Ziegelbauweise mit Wintergarten und Wohnkeller.

Andreas & Petra Hausmann
Hausbauer
Trotz seiner Tätig-
keit als Moderator
der Morgensendung
beim ORF NÖ hat
es auch Andreas in
der Bauphase oft die
Sprache verschlagen.
Seine Frau Petra ist
als ehemalige Streetworkerin auch
schweren Brocken gegenüber nicht
hilflos. Bewohnen mit ihren Kindern seit 2005 ein ökologisches Passivhaus in Holzmassivbau.

Fritz Gillinger
*Journalist, Werbe-
fachmann, Buchautor
(u. a. „Bauen im
Gleichgewicht")*

Bewohnt mit seiner Familie seit
1991 ein Niedrigenergiehaus mit
Wintergarten.

Julian Schmid
*Hausbauer –
dienstlich und privat.
Baubiologe, Haus-
planer, Buchautor
(„Bauen im Gleichgewicht")*

Bewohnt mit seiner Familie seit
1991 ein ökologisches Niedrigenergiehaus. Betreibt seit mehr
als zehn Jahren das Planungsbüro
www.traumhausplanung.at.

*Wir bedanken uns bei unseren
lieben Partnern und unseren tollen
Kindern, durch die unsere Häuser
erst zu einem glücklichen Zuhause
werden!*

„UNSER TRAUMHAUS"

Es gibt immer einen Grund

Prüfe, wer sich ewig bindet!

Liebes Tagebuch! Andreas Schüttelfrost ist wieder schlimmer geworden. Ich klemme ihr meinen Bleistift, den ich für spontane Hausplanänderungen ständig bei mir trage, zwischen die Zähne, damit das Klappern nicht die Kinder weckt. Die Kinder! Sie kommen mit der Extremsituation besser als wir Eltern zurecht. Jakob (ich nenne ihn nur mehr „Der Tapfere") hat sich völlig in seinen Schlafsack zurückgezogen und ihn von innen zugenäht. Dass es ihm gut geht, erkenne ich an der Tatsache, dass sich die Schlafsackhaut im Atemrhythmus auf und ab bewegt und an dem Lachen, das manchmal dumpf aus dem Sack dringt. Vermutlich hat er seinen Gameboy® mit eingenäht. Ich bete, dass der Akku hält, bis wir das hier hinter uns haben.

Vielleicht leide ich auch schon an Halluzinationen, aber Jonas, unser Jüngster, scheint eine biologisch höchst interessante Metamorphose durchzumachen. In den ersten Stunden dachte ich noch, es wäre Raureif, der sich da auf seiner Haut gebildet hätte. Mittlerweile ist aber klar erkennbar, dass Jonas beginnt, sich ein Fell zuzulegen. Es ist weiß und flaumig und wirkt wie eine Mischung aus Schneegänsefedern und Eisbärenfell. In schwachen Momenten kuschle ich mich an ihn, um mich zu wärmen. Johanna, unsere halbwüchsige Tochter, geht am problemlosesten mit der Situation um – und zwar indem sie ihr aus dem Weg geht. Sie ist nicht mitgekommen und feiert in einem provokant überheizten Partykeller den Geburtstag ihrer Freundin und ihr Geschick, unangenehmen Situationen aus dem Weg zu gehen.

Ich öffne den Reißverschluss unseres Biwaks gerade weit genug, um den Sternenhimmel zu sehen. Fotografieren kann ich schon lange nicht mehr. Als mir die Kamera aus der klammen Hand fiel, zerbrach sie in tausend Stücke. So bin ich jetzt auf mein treues Tagebuch angewiesen.

Nur dieses Buch wird mir – sollten wir hier je gefunden und gerettet werden – Aufschluss geben über die Lebensbedingungen, die an diesem Ort herrschen. Und nur mit Hilfe dieser Aufzeichnungen werde ich wissen, ob dieser Ort auch der richtige ist. Der richtige, um ein Haus darauf zu bauen. – Ein Haus? Unser Haus!

Jetzt muss ich wohl etwas weiter ausholen. Ja, wir wollen ein Haus bauen! Ein richtiges, mit allem, was dazugehört: Dach, Wände, Türen, Fenster und so weiter. Generalstabsmäßig war ja auch schon jeder einzelne Schritt geplant: Aushub, Keller, Kellerdecke, Rohbau, Dachstuhl, Dach, Fenster, Türen, Innenausbau, Zack, Zack, Zack. Alles kein Problem, alles nur eine Frage der richtigen Organisation. Bloß eines wussten wir noch nicht. Wo wir den Baggerfahrer zum Aushub unseres Kellers hinbestellen sollten. Anders formuliert: Das Grundstück fehlte noch!

Also auf zur Grundstücksuche! Der naive Laie wird jetzt vielleicht annehmen, dass man dabei mit geeigneten Adressen unterm Arm durch die Lande zieht, sich ein halbes Stündchen auf den Grund begibt, auf diese Art ein paar Grundstücke absolviert und schließlich seine Entscheidung trifft. Dann noch ein zweiter Besuch am Grund seiner Wahl, Unterschrift … und der Baggerfahrer hat endlich seine Adresse!

… Nein, nein, nein! Der generalstabsmäßige Planer macht das anders. Hat er sich mal für einen Grund vorentschieden, muss er diesem Grund auf den Grund gehen. Ihn fühlen. Zu jeder Tageszeit. Bei jedem Wetter. Bei jedem!

Wir hatten also unsere Vorauswahl getroffen. Ein hübsches Fleckchen Erde mit wenig störender Nachbarschaft, nettem Blick aufs Städtchen und Baubewilligung. Das Besuchsprogramm war damit aber nicht beendet. Ganz im Gegenteil, es fing mit der Vorentscheidung erst richtig an! Nach eher langweiligen Kurzbesuchen des Grundstücks in wechselnder Begleitung (Architekt, Schwiegereltern, Freunde etc.) starteten wir das Extremprogramm mit dem Kapitel „Wie wirkt unser Traumfleckchen bei Wetterkapriolen?". Es war ein Samstagnachmittag, wir alle hatten ohnehin nichts Besonderes vor, als es plötzlich zu reg-

nen begann. Zu regnen? Es schüttete. Keinen Hund jagt man bei so einem Wetter vor die Türe, also ließen wir unsere Mischlingshündin zu Hause und machten uns auf zum Grund unserer Träume. Die Mission: Kennenlernen des in Erwägung gezogenen Grundstückes bei widrigsten Bedingungen. In eben diesem Fall Regen. Sollte selbst dann noch ein Rest von Zuneigung zum Baugrund bleiben, konnten wir uns sicher sein, die richtige Wahl getroffen zu haben.

Nachdem wir einige Stunden mit fröhlichem Schlammhüpfen zugebracht und festgestellt hatten, dass ein Schirm doch zu wenig für eine fünfköpfige Familie ist, die trocken bleiben will, wateten wir nach Hause. Nass, aber glücklich, dass unser Grundstück auch unter Wasser noch einen überaus sympathischen Eindruck auf uns macht.

In den kommenden Wochen ließen wir keine meteorologische Situation aus, die uns Aufschlüsse über das Grundstück geben würde. Eine Sturmwarnung ließ uns ebenso so unverzüglich Richtung Baugrund aufbrechen, wie eine Mondfinsternis, die heißeste aller Mittagssonnen, sämtliche in der Literatur bekannten Wolkenformationen, der längste und der kürzeste Tag des Jahres und so weiter. Als besonderen Glücksfall empfand ich den schweren Hagel, der unsere Region heimsuchte. Seitdem weiß ich nicht nur, wie sich unser Grund während eines Hagels anfühlt, sondern auch mein Kopf danach.

Wir hatten uns also schon recht hübsch dem Grund unserer Träume angenähert, ihn von allen Seiten, auch von seinen unvorteilhaften, kennengelernt. Meine Frau und auch die Kinder zeigten sich zufrieden, der Kauf schien nur noch eine Sache der Formalitäten. Wenn in mir nicht plötzlich der Gedanke genagt hätte, auf etwas Wichtiges vergessen zu haben. Etwas sehr Wichtiges. Ja natürlich, das war's: die Übernachtung! Jenen Boden, auf dem man den Rest seines Lebens verbringen will, unter sich spüren, während oben die Sterne funkeln! Den ruhigen Atem des Nachwuchses vernehmen, wenn im Dunkeln ein Käuzchen ruft! Aber auch etwaige schlafstörende Faktoren wie Wasseradern oder Mopedbanden rechtzeitig erkennen! Ganz klar: Wir mussten eine Nacht auf dem Grundstück verbringen. Wir alle.

Da taten sich zwei Probleme auf. Erstens: Da es ja in der Natur der Sache eines Baugrundstückes liegt, noch nicht bebaut zu sein, gab es eigentlich keine Möglichkeit zu übernachten. Also musste ein Zelt her. Damit stellte sich Problem Nummer zwei in den Weg: die Jahreszeit. Mittlerweile war nämlich der Winter ins Land gezogen. Aber nicht

EXPERTENTIPP

„Wie besichtige ich einen Baugrund oder ein Haus?"

Besichtigen Sie Ihr Traumgrundstück zu allen vier Jahreszeiten (im Winter steht die Sonne sehr tief), am Morgen (Wo geht die Sonne auf?), zu Mittag (Werfen Nachbargebäude, Bäume oder Berge einen Schatten bis ins Esszimmer?) und am Abend (Gibt es noch Sonne im Haus?). Achten Sie auch auf den Wind (geschützte Terrasse), Gerüche (von Betrieben und anderen Nachbarn), Lärm (von Straßen, Bahn, etc.) und die Zufahrt bei Schnee und Eis. Besuchen Sie auf jeden Fall das Bauamt, damit Sie wissen, was Sie genau auf diesem Grund bauen dürfen und was eventuell auf den Nachbargrundstücken gebaut werden darf! Ein Notar sollte Sie auf jeden Fall vom ersten Vorvertrag bis zur treuhändischen Geldüberweisung begleiten und prüfen, ob das Grundstück auch schulden- und lastenfrei übergeben wird.

Wenn Sie ein bestehendes Haus besichtigen, achten Sie natürlich auch auf die Sonne! Überlegen Sie, ob die Aufenthaltsräume und der Essplatz nach Süden verlegt werden können. Achten Sie auf Feuchtigkeit und Risse vom Keller bis ins Dachgeschoß. Sehen Sie beim Dachstuhl Sägemehl-Häufchen? Dann haben Sie schon Mitbewohner! Sind Holzdecken feucht, gehören diese eventuell komplett getauscht. Elektro- und Sanitärleitungen sind häufig veraltet. Die Heizung und die Fenster entsprechen oft nicht mehr dem heutigen Standard. Manchmal bleibt vom „Altbau" nur mehr ein „Rohbau" stehen, der jedoch durch die Lage, die dicken Wände oder den tollen Garten einen eigenen „Charme" hat. Die Baukosten können je nach Zustand der Bausubstanz günstiger oder aber auch teurer als ein Neubau sein! Die Sanierung sollte auf jeden Fall gemeinsam mit Profis geplant werden.

Ein guter Planer besichtigt mit Ihnen gemeinsam das Grundstück bzw. bestehende Haus schon vor dem Kauf!

irgendeiner, sondern ein Rekordwinter. Sowohl was die Schneemenge, als auch was die Minusgrade anbelangt. Für uns aber kein Grund aufzugeben. In einer Zeit, in der sich andere Bauwillige in ihrer aus allen Nähten platzenden Noch-Wohnung um den Hausplan kuscheln und mit dem Elektriker über die Installation einer Heimkinoanlage plaudern, machten wir uns auf zum Wintercamping auf dem Grundstück unserer Träume.

Die Zeltheringe in den tief gefrorenen Boden zu treiben, war gar nicht so problematisch, wie befürchtet. Die Schlagbohrmaschine, die ich mir gleich nach der Entscheidung zum Hausbau günstig zugelegt hatte, leistete mir da gute Dienste. Den Strom dazu holte ich – Verlängerungskabeln sei Dank – vom potenziellen Hausnachbarn. Später, wenn alles unter Dach und Wand ist, würde ich ihm eine Erklärung schuldig sein. Doch jetzt musste ich ihn mit seinem verständnislosen Blick alleine lassen und mich zum Zeltplatz begeben.

Das Zelt stand also bald und wir begannen, das Nachtlager herzurichten. Jakob, der schon zu Hause den Schlafsack übergezogen hatte, tat sich damit am leichtesten. Er fiel einfach ein paar Mal vom Auto in Richtung Zelt um – und fertig! Wir anderen machten es uns mehr oder weniger umständlich bequem. Dann das Warten auf die Nacht. Was hatte mir das Grundstück nächtens zu sagen? Welche Geheimnisse birgt es? Zunächst glaubte ich auch schon Schwingungen zu spüren, die das Grundstück an mich aussendete, doch musste ich bemerken, dass es sich dabei um ein unkontrollierbares Schlottern meines Körpers handelte, der sich gegen das langsame Erfrieren wehrte. Kein Zweifel: Die eisige Faust des Winters hatte inzwischen das Zeltinnere gepackt und meine Familie ordentlich durcheinander gebeutelt.

Seitdem wache ich hier über das Wohlergehen meiner Lieben und über den Stand meines Uhrzeigers. 3 Uhr. In exakt 4 Stunden 23 Minuten wird die Sonne aufgehen. (Ich trage längst eine exakte mehrbändige Auflistung sämtlicher relevanter Sonnenstanddaten Mitteleuropas bei mir.) Wir haben unserem zukünftigen Grundstück auch die letzten Geheimnisse entlockt. Wir sahen es in guten und schlechten Tagen.

Bei Wind und Wetter. Bei sehr viel Wind und sehr viel Wetter, um genau zu sein. Wir ertranken in seinen Pfützen, labten uns an seiner Schwester Sonne, heulten unter seinem Bruder Mond. Wir lauschten nach den Insekten, die durch seine Gräser hüpfen und nach den Motoren, die seine Grenzen umbrummen. Und wir haben es lieb gewonnen unser Grundstück. Und wir werden unser Haus darauf bauen.

Obwohl... ein bisserl kalt ist es hier schon!

„PRÜFE, WER SICH EWIG BINDET!"

Schatz, wir bekommen ein Haus

oder: Neun bange Monate bis zur Unterkunft

Im Normalfall dauert die Schwangerschaft einer Frau neun Monate. Neun lange Monate, bis man sich endlich über das Kind freuen kann. Sicher, manches Kind ist ein Frühstarter und kann es gar nicht erwarten, das Licht der Welt zu erblicken, und andere lassen sich so lang Zeit, bis es quasi zur Zwangsräumung kommt und sie mit sanfter Gewalt zum Auszug aus ihrer warmen Höhle überredet werden müssen. Auch die Sache mit dem Schwangerwerden ist nicht so einfach – einigen „passiert" es einfach so, ohne es geplant zu haben und werden damit regelrecht überrumpelt, und manche Familien haben zwar das technische Know-how, müssen aber trotzdem jahrelang auf den Nachwuchs warten.

Bei Häusern ist das nicht anders! Die Planungsphase des eigenen Domizils ist, nicht nur was die Dauer angeht, durchaus mit einer Schwangerschaft zu vergleichen: Am Anfang steht meistens die euphorische Freude darüber, dass sich im Leben etwas Grundsätzliches ändern wird. Dann kommt eine Phase der Unsicherheiten: Werden wir das alles schaffen? Aus nervlicher, aber auch aus finanzieller Sicht? Das ist eine Zeit, die geprägt ist von Übelkeit, Schlaflosigkeit und daraus resultierender Müdigkeit, aber im Hintergrund regiert doch die Vorfreude.

Gegen Ende dieser spannenden Zeit sind dann noch die letzten Hürden zu meistern. Es kommen die Vorwehen und die Senkungswehen in Gestalt der bangen Gedanken, ob alles so werden wird, wie man es sich ausgemalt und bestellt hat.

Auch bei den „Eltern" eines Hauses gibt es unterschiedliche Typen: Frühstarter, die nach zweimaliger Ansicht eines Fertigteilhauskataloges schon den Auftrag unterschreiben, weil sie sich unsterblich in ihr zukünftiges Eigenheim verliebt haben. Nach einiger Zeit kommt dann meist das jähe Erwachen: „Was? Ein Haus? Aber so schnell wollte ich das gar nicht. Wir haben ja noch nicht einmal ein Grundstück!"

Auf der anderen Seite gibt es Menschen, die drei, vier Jahre oder noch länger mit der Idee eines Hauses schwanger gehen. Die wollen zwar eines haben, aber irgendwie klappt es nie, und sie finden immer wieder einen Grund, warum es jetzt gerade nicht passt.

Andere Paare wiederum stellen sich zwar alles „ganz romantisch" vor, sind aber einfach noch nicht so weit, sich voll und ganz, gleichsam ungeschützt, dem Abenteuer hinzugeben.

EXPERTENTIPP

„So schaffen Sie den Hausbau!"

Während der Schwangerschaft (mit dem Kind) und auch nach der Geburt erlebt man unzählige Momente mit allen Hochs und Tiefs, die natürlich und ganz normal zu dieser Situation gehören. Auch während der Planungs- und Bauphase gibt es viele dieser Momente.

In einem Einfamilienhaus stecken ca. 5000 Stunden an Arbeitszeit. Wenn Sie viel an Eigenleistung erbringen möchten und Ihren 5-wöchigen Urlaub nehmen, sowie jedes 2. Wochenende Samstag und Sonntag von 8.00 bis 18.00 h durcharbeiten, kommen Sie auf etwa 800 Stunden – somit fehlen „nur mehr" 4000 Stunden Arbeitszeit zu Ihrem Traumhaus! Ihre Familie sehen Sie in dieser Zeit auch kaum!

Manche Bauherren sehen, wenn der Hausbau und die Baukosten im Chaos versinken, Ihr Familie nie wieder!

Oft ist es besser, den Baubeginn um ein Jahr zu verschieben und in dieser Zeit mehr Überstunden im Büro zu machen. Vielleicht können Sie ja mit einer Überstunde gleich zwei Maurerstunden erwirtschaften. Überlegen Sie, welche Arbeiten Sie wirklich gut können und fangen Sie nicht als Laie in der Küche mit dem Fliesenlegenlernen an! Oft sind Fachfirmen günstiger, als man denkt und meistens auch schneller.

Planen Sie Eigenleistungen und die Bauzeit realistisch, mit ausreichenden Reserven, Erholungspausen und Kurzurlauben, damit man/frau baut, und trotzdem noch lachen kann!

In den meisten Fällen überwinden alle früher oder später ihre Ängste, und das Kind kommt zur Welt, beziehungsweise das Haus wird gebaut. Natürlich muss sich auch ein Haus eine eingehende Betrachtung durch die Verwandten und Bekannten gefallen lassen: Von wem hat es was? Bei der Küchenplanung hat sich ganz eindeutig die Frau durchgesetzt, aber der Hobbyraum im Keller: ganz der Mann! Alle freuen sich, dass es so eine gute Mischung von beiden geworden ist.

Später ärgert man sich aber genau darüber: „Warum ist es da so wie ich bin, warum habe ich mich bei dem Tapetenmuster durchgesetzt? Warum habe ich nicht meinem Partner seinen Wunsch durchgehen lassen? Dann wüsste ich schon, was jetzt zu tun wäre – nämlich ihm die Schuld zu geben!"

Stolz wird präsentiert, was das gemeinsame Baby alles kann: Wie schön die Rollos rauf und runter gehen, wie Induktionsfeld und Staubsaugeranlage funktionieren, und wie groß das Gästeklo geworden ist. Sogar Menschen, die sich nicht im Geringsten für Häuser interessieren, wird bei jeder Gelegenheit vorgeschwärmt, wie toll, unvergleichlich und einzigartig jede Bodenfliese und jeder Lichtschalter geworden ist. Unangenehme Details werden dabei geflissentlich verschwiegen. Dass man mit dem Eigenheim jetzt doch um einiges mehr Arbeit hat als mit der 60-Quadratmeter-Wohnung, und dass 400 Quadratmeter Garten erheblich mehr Zeit in Anspruch nehmen als ein zwei mal zwei Meter großer Balkon.

Sind die Kinderkrankheiten überstanden, und ist das Anwesen aus dem Gröbsten „herausgewurschtelt", geht's in vielen Fällen erst so richtig los: Das Haus kommt im Alter von eineinhalb Jahrzehnten in die Pubertät.

Es fängt an, Ansprüche in Form von ersten größeren Reparaturen zu stellen, es kriegt unreine Haut (die Fassade blättert ab) und Beinbehaarung (die Gartenbepflanzung muss auf ein erträgliches Maß zurückgestutzt werden).

Die Familie wird aber munter weiter vergrößert, und es entstehen eine Gartenlaube, ein Carport und ein Abstellraum.

Man liebt sein Haus, ist aber manchmal auch heilfroh, wenn andere drauf aufpassen, oder wenn man es ein paar Tage nicht sieht.

„VON BUDGET- UND ANDEREN LÖCHERN"

Von Budget- und anderen Löchern

Die aufmerksamen LeserInnnen werden rasch entdecken, dass in dieser Geschichte das Wort „haus" mit kleinem „h" geschrieben wird. Das geschieht aus rein dramaturgischen Gründen. Bitte liebe Kinder: Nicht nachmachen!

Ich weiß nicht, ob Sie ähnliche Erfahrungen haben: Für mich hat sich im Laufe meines Lebens so mancher Lehrsatz aus der Schule als in der Praxis nicht immer anwendbar erwiesen. So harrt zum Beispiel meine Fähigkeit, geometrische, zweidimensionale Körper um imaginäre Achsen zu drehen und dann ihr Volumen zu berechnen noch auf ihre Bewährung im Alltag. Aber auch weit bodenständigeres Wissen ist ins Wanken geraten. So habe ich etwa in der Volksschule gelernt, dass alles, was man angreifen könne, groß geschrieben werde: Den Zaun, das Auto, die Uhr – ja sogar den Kaktus, könne man – wenn auch nur mir äußerster Vorsicht – angreifen, und müsse man daher groß beginnen. In festem Glauben an diesen Lehrsatz hätte ich bis vor einigen Jahren ohne Bedenken das Wort „Haus" eben so, also mit einem mächtig großen „H" geschrieben. Aber mein Glaube wurde erschüttert. Und nicht nur der an meine Volksschulweisheiten.

Um ersten grammatikalischen Einwänden sofort den Wind aus den Segeln zu nehmen: Das, was der oberflächliche und feinstofflich unberührte Betrachter an einem haus erkennen kann, ist sehr wohl angreifbar. Steine, Ziegel, Holz, Metall, Kunststoff und so weiter – eine durch und durch handfeste Sache. Also Großschreibung? Heute schmunzle ich über meine Blindheit. Heute weiß ich, dass ein haus aus Abertausenden unsichtbaren Elementen besteht, die es weit mehr beeinflussen, als das jede schnöde Dachlatte je könnte. Aus meinem „Haus" wurde ein „haus".

Der Tag unserer Erleuchtung begann mit einem Heurigenbesuch. Geladen hatten die Fichtingers, ein uns weitschichtig bekanntes Ehepaar mit Hang zu Brettljause und Esoterik. Die Fichtingers sind absolute Spe-

zialisten des Unsichtbaren. In den 1980er Jahren begannen sie als eine der ersten Mitteleuropäer streng nach den Regeln des Mondkalenders zu leben. Lange Zeit trug etwa Erwin Fichtinger sein Haar hüftlang, da er in einer Verkettung ungünstiger Umstände an den vom Mondkalender als „haarschneidegünstig" deklarierten Tagen verhindert war. „Lieber lang als stumpf!", meinte er, ließ sich von einer befreundeten Bergbäuerin in die Kunst des Zopfkranzflechtens einweisen und wartete geduldig auf den Tag, an dem sich Mond und Terminkalender in optimaler Konstellation befinden würden. Erwins Frau Sigrid stand ihm an Konsequenz in keiner Weise nach und ließ sich in ihrem Alltag gänzlich vom Zustand des Mondes leiten. Abtrünnig wurde sie nur einmal, als sie sich einer Operation unterzog, obwohl der Mondkalender an diesem Tag davon strikt abgeraten hatte. „Blinddarmdurchbruch ist eben Blinddarmdurchbruch!", meinte sie noch oft zu mir, und es klang ein wenig nach „Entschuldigung!".

Fragt man die Fichtingers heute nach dem Stand des Mondes, lächeln sie gütig und bezeichnen diese Phase ihrer Entwicklung als eine der ersten Stationen auf ihrem Weg zur Erkenntnis. Auf diesem Weg schienen die beiden aber mittlerweile schon recht weit fortgeschritten. Zumindest erweckten sie den Eindruck, als hätte sie der Genius ihrer neuen Leidenschaft höchstpersönlich geküsst, bekehrt und zu Botschaftern der Sache auserwählt. Ihre neue Gottheit hörte auf den Namen „Feng Shui", was eindeutig vieldeutiger klingt als „Mondkalender".

So trafen wir also beim Heurigen zusammen, um unseren Weg zu Haus und allgemeiner Glückseligkeit mit Feng Shui zu betreten. Es war nicht irgendein Heuriger, zu dem uns die Fichtingers gebeten hatten. Es war Österreichs erster „Feng Shui-Heuriger"! Als ich den Raum betrat, spürte ich zunächst nicht mehr als sonst bei einem Heurigenbesuch: Hunger und Durst. Auch der Raum selbst sandte keine besonderen Botschaften an mich aus: Ein hallenartiges Zimmer, blendend helle, unbehandelte Paneelen aus Fichtenholz an Wänden und Decke. Dazwischen Fichtenholzmöbel so weit das Auge reichte. Weiters: ein Klinkerboden, wie ich ihn schon zigfach betreten hatte, eine Schank (Fichte, eh klar!) und ein paar (Fichten-)Türen, die wer weiß wohin führten.

Sigrid und Erwin erwiesen sich in diesem Moment, der leicht das Ende meiner knospenden Beziehung zu Feng Shui bedeutet hätte, als unschätzbare Begleiter. „Siehst du den Kristall da an der Lampe?", raunte mir Sigrid ins Ohr. „Er bündelt die Aggressionen der Gäste!" Nach mehrfachem Hinsehen, entdeckte ich an den Holz/Glas-Leuchten (diesmal Eiche), die über den Fichtenholztischen hingen, an einem dünnen Band befestigte Glassteine in verschiedenen Pastellfarben. Erst später, als ich den Wein des Hauses gekostet hatte, konnte ich die Wirkung dieses Steines ermessen. Er schmeckte grauenhaft und dass nicht sämtliche Gäste wütend ihre – ebenfalls mit Steinen gefüllten – Karaffen auf den Schädel des Heurigenwirts schleuderten, grenzte wahrlich an ein Wunder. Wunder? Nein Feng Shui eben. Der Kristall musste wirklich Schwerarbeit leisten.

„Sieh mal, wie raffiniert die Türe da hinten platziert ist. Da war ein großer Feng Shui-Meister am Werke!", wies mich Erwin auf ein beson-

„DRACHEN SIND WIE MAN WEISS, WICHTIG FÜR GLÜCK UND WOHLBEFINDEN"

deres Detail hin. Er meinte die Toilettentür, die sich hinter einer Garderobe (Fichte) versteckte. Meinen Einwand, dass es durchaus üblich
sei, WC-Türen dezent zu platzieren, da sich Esstische mit Pissoirblick
schlecht verkauften, wischte Erwin mit dem gütigsten aller „Du-bist-
ein-völliger-Ignorant"-Lächeln weg. Feng Shui mache uns eben bewusst,
was in unserer Natur und in der Weisheit der Menschheit läge. Nach
und nach wiesen mich die beiden in jedes Detail dieses überaus raffiniert
konstruierten Heurigen ein. Und langsam erkannte ich auch die Genialität dieses Konzepts: Für den Nichtwissenden ein Heuriger wie jeder

EXPERTENTIPP

„Der Weg zum Traumhaus"

Nur eine Person weiß wirklich genau, wie Ihr Haus aussehen soll –
das sind Sie selbst! Darum nehmen
Sie sich viel Zeit für die Planung
Ihres Traumhauses, am besten
ein Jahr!

Am Anfang versuchen Sie
einmal selber, Ihre Ideen zu Pa-
pier zu bringen, später wird Sie
ein Hausplaner, dem Sie vertrauen,
auf Ihrem Weg begleiten und Ihre
Ideen und Wünsche in Zeichnungen
und Pläne umwandeln. Überlegen
Sie von Anfang an, wie Sie die Sonne
ins Haus holen können, wie Küche
und Essbereich (hier werden häufig die meisten Stunden verbracht)
eingerichtet werden und wie der
Garten (Ausblick vom Essplatz und
Wohnzimmer) und der Eingangsbereich aussehen sollen. Der Vorraum
sollte nicht zu klein sein, gerade
mit Kindern benötigen Sie ausrei-
chend Stauraum. Im Obergeschoß
sollten die Kinder am Nachmittag
Licht und Sonne in die Zimmer bekommen und alle Betten auf einem
guten Platz stehen, darum sollte ein
Wünschelrutengeher den Baugrund
schon vor Planungsbeginn untersuchen. Bei der Innenraumplanung
sollten Sie vor Baubeginn auch die
Farb- und Lichtplanung abgeschlossen haben, damit Elektroauslässe an
den richtigen Stellen vorgesehen
werden.

Wenn Sie nun mit Ihrem Wissen und den perfekten Plänen als
nächstes verschiedene, vergleichbare Angebote einholen, Aufträge
vergeben, Verträge aufsetzen und
einen Bauzeitplan erstellen, werden Sie merken, dass ein Jahr sehr
schnell vergehen kann!

andere, aber mit stark überhöhten Preisen und besonders schlechtem Wein, für die Eingeweihten eine Quelle der Erkenntnis und der Feng Shui-Kunst. Als mir etwa der Wirt persönlich mein Schmalzbrot mit Zwiebel auf einem Jausenbrett servierte, tauschten Erwin und Sigrid viel sagende Blicke aus. Auf meine Nachfrage hin klärte mich Sigrid auf: „Schau einmal, wie das Brot auf dem Brett liegt. Nicht einfach irgendwie, sondern exakt positioniert. Wenn du jetzt nachrechnest, wirst du darauf kommen, dass Jausenbrett und Schmalzbrot ein Größenverhältnis von 1 zu 1,618 haben. Eine uralte Maßeinheit, die chinesische Architekten schon beim Bau der verbotenen Stadt in Peking anwandten. Fotografen kennen dieses Verhältnis heute als „Der goldene Schnitt"!

„Der Einzige, der hier einen goldenen Schnitt macht, ist der Wirt!", murmelte ich noch mit einem Blick auf die Preise in der Speisekarte (Umschlag aus Fichtenholz!). Aber mein innerer Widerstand zerbrach zusehends. Ich musste mir eingestehen: Ich war fasziniert von dieser Welt des Geheimnisvollen und doch so Banalen. Ich wollte mehr und ich wollte, dass mein Haus auch die Zeichen von Feng Shui trägt. Aber wie sollte ich Unwissender es angehen? Die Fichtingers wussten auch hier Rat. „Natürlich gibt es bei uns einige sehr begabte und erfahrene Feng Shui-Leute. Aber wenn du zum Schmied und nicht zum Schmiedl gehen willst, dann haben wir jemand Besonderen für dich!"

Der Mann, den sie mir so warm ans Herz legten, trug natürlich einen etwas exotischeren Namen als Schmiedl: Xen Lia Ping. Ping war anerkannter Feng Shui-Meister und lebte aus feinstofflichen und steuerlichen Gründen auf den Jersey-Inseln. Als ersten Schritt unserer Zusammenarbeit schickte ich Herrn Ping den Plan meines hauses. Vier Wochen später kam der Plan retour. In kleine Stücke zerrissen. Daneben eine erste Rechnung über 1.000 Euro und Herrn Pings Ankündigung, mich in zwei Monaten zu besuchen. Ich hätte Glück, so der Meister, da er sich zu dieser Zeit auf Vortragsreihe in Österreich und Deutschland befände und mein Bauplatz quasi auf dem Weg liege. Die Zeit bis zu Xen Lia Pings Ankunft nützte ich mit dem Studium der Feng Shui-Literatur, dem Besuch von einschlägigen Seminaren und

der Meditation. Dazwischen besuchte ich auch einmal meine hausbank, um die noch zu erwartenden Honorarforderung und das daraus folgende Budgetloch mit einem Zwischenkredit abzufedern.

Herr Ping erwies sich als überaus angenehme, ja sogar unauffällige Erscheinung. Wir trafen einander im Hotel Sacher in Wien – dort hatte Herr Ping völlig unkompliziert gleich selbstständig eine Suite auf meine Kosten gebucht – und besprachen erste Details. Herr Ping hatte auf Reispapier einen neuen Plan meines hauses gezeichnet. Ich war fasziniert. So hatte er zum Beispiel sämtliche Türschwellen 15 Zentimeter hoch eingeplant, um damit den Geistern den Zutritt in unser haus zu erschweren. Brillant auch seine Lösung im Badezimmer: Da Spiegel im hause den Feng Shuischen Super-GAU darstellen, befinden sich über den Waschbecken zwei Minikameras und zwei Flachbildschirme. Bei der morgendlichen und abendlichen Pflege könne somit ein Live-Bild auf den Bildschirm übertragen werden. High Tech statt belastender Spiegelreflexionen! Bei körperhygienischen Routinetätigkeiten, die keines prüfenden Spiegelblicks bedürfen, könne dann jederzeit ein Spielfilm oder ein anderes Wunschprogramm über die Bildschirme flimmern.

Des Meisters Plan wimmelte noch von weiteren raffinierten Details, die mich zum begeisterten Jünger werden ließen. So war etwa die Eingangstüre zwei Meter rechts neben dem Stiegenaufgang platziert. Auf meinen fragenden Blick erwiderte Herr Ping etwas von bösen Schwingungen, die schwer ums Eck können und demnach nach dem Stiegenaufgang wirkungslos an die Mauer andonnern würden. Meine Haustüre erreiche ich jetzt über einen vier Meter langen Pfosten (Fichte!), der laut Ping von schlechten Schwingungen so gut wie nie als hausaufgang benutzt wird.

Alles faszinierte mich, was der Meister sich für mein haus ausgedacht hatte. Bei keinem Detail zweifelte ich nur eine Sekunde an Wirkung und Genialität des Planes. Nur ein einziges Mal wurde ich kurz stutzig. Als ich nämlich bei einer Seitenansicht des Hauses ein ca. drei mal drei Meter großes Loch entdeckte. Nach näherem Studium des Planes musste ich entdecken, dass es sich hier nicht um ein großzügiges Panoramafenster handelte. Nein, die Öffnung ging durch das haus und alle

Zwischenwände durch und wiederholte sich auf der gegenüberliegenden Außenwand als drei mal drei Meter Öffnung. Anders gesagt: Mein haus hatte ein Riesenloch!

Ich wartete einen günstigen Moment ab – eben hatte ich dem Meister einen bescheidenen Vorschuss von 20.000 Euro auf seine unschätzbaren Dienste und den Gutschein für lebenslange Sachertorten-Lieferung übergeben – um Herrn Ping nach diesem Loch zu fragen. Bereitwillig klärte er mich auf: Am Hügel neben meinem Baugrund lebe ein Drache. Drachen sind wie man weiß, wichtig für Glück und Wohlbefinden. (Außer man ist unglücklicherweise eine europäische Jungfrau im opferfreudigen Mittelalter.) Dieser, „mein" Drache, lebe also in meiner zukünftigen Nachbarschaft und genieße die schöne Aussicht auf die Weinberge. Was ihm diese Aussicht verderben könnte: mein haus. Da die örtlichen Gegebenheiten ein Versetzen meines hauses nicht zuließen, war Ping auf eine geniale Idee gekommen, die nur ein Meister seines Faches haben konnte: Ein Loch musste in mein haus! Durch dieses könne der Drache nicht nur komfortabel die Aussicht genießen, sondern auch durchfliegen, falls es ihm mal nach einem Ausflug in die Weinberge wäre. Klar, dass ich gegen derartige Argumente machtlos war. Mein haus wurde genau so errichtet, wie es der Meister geplant hatte. Mit Loch und allem, was dazugehört.

Neulich waren die Fichtingers bei mir. Sie lobten jedes Detail des hauses und konnten sich vor lauter Begeisterung kaum mehr halten. Doch trotz anfänglicher Euphorie verließen sie mein haus nach nicht mal einer Stunde wieder. Als Begründung murmelte Erwin nur, dass es bei mir zu sehr ziehe und dass Sigrid große Probleme mit den Gelenken hätte, seitdem sie so intensiv Yoga betreibe.

Ich blieb allein zurück. Und ich hätte glatt ein Loch in mein haus gestarrt,... wenn da nicht bereits eines gewesen wäre!

Ein Feng Shui-Haus mit Loch existiert wirklich. Es steht an der Repulse Bay auf Hong Kong Island und ist ein Hochhaus. Das Loch erstreckt sich über 7 Etagen. Der Grund dafür, so wird behauptet, ist ein Drache, der am benachbarten Berg lebe und durch dieses Haus seine Aussicht und seine Flugschneise in Richtung Meer verloren hätte.

„TAGEBUCH EINES UMBAUS"

Achteinhalb Wochen

oder: Tagebuch eines Umbaus aus der Sicht eines fast Unbeteiligten

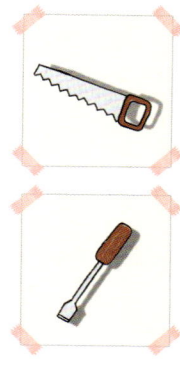

Sehr geehrtes Tagebuch!
Was ich nie für möglich gehalten hätte, was ich mir in meinen kühnsten Träumen niemals auszumalen gewagt habe, wird Wirklichkeit: Mein Elternhaus soll umgebaut werden! Das Haus, in dem mein Bruder und ich laufen lernten und dann zu strammen Burschen herangewachsen sind, die es im Leben zu etwas gebracht haben, soll komplett verändert werden. Dort, wo ich den Grundstein meiner botanischen Sammlung mit dem Trocknen der Blätter von Bäumen aus den umliegenden Wäldern gelegt habe, wo mein Bruder heimlich unter der Bettdecke seine Groschenromane verschlang, dort sollen nun Hammer und Meißel angesetzt werden!

Dass es irgendwann soweit kommen musste, damit war eigentlich ja zu rechnen, als vor zehn Jahren meine Tochter ihr erstes Kind zur Welt brachte und die kleine Familie in dieses Haus einzog. Damals haben schon die ersten Veränderungen stattgefunden, die sich aber noch in Grenzen gehalten haben und das Flair meines Elternhauses nur geringfügig beeinträchtigten. Aber jetzt sind drei Kinder da, und das Haus platzt aus allen Nähten. Schweren Herzens und nach längerem Zögern habe ich aber den Umbauplänen, die einem Neubau ziemlich nahe kommen, schließlich doch zugestimmt. Während der Umbauphase zieht die ganze Rasselbande bei mir und meiner Frau ein, und in acht Wochen soll ihr Traumhaus verwirklicht und mein Elternhaus Geschichte sein.

Sehr geehrtes Tagebuch!
Heute sind die Kinder meiner Tochter um 5 Uhr 32 aufgestanden. Das ist exakt die Tageszeit, zu der ich noch vor ein paar Jahren, als Nicht-Pensionist, das Haus verlassen musste, um rechtzeitig beim Zug zu sein,

der mich nach Wien ins Ministerium brachte. Meine Gattin ist durch die Mehrbelastung schon etwas aus dem Gleichgewicht, weil sie solchen Trubel um diese Zeit nicht (mehr) gewohnt ist.

Sehr geehrtes Tagebuch!
Mein Elternhaus wird mehr und mehr zur Baustelle. Heute haben die Außenarbeiten angefangen: Der Garten ist vollständig umgegraben, der Keller soll von außen neu gedämmt werden. Die Tilia platyphylla, also unsere Sommerlinde, fiel den Umbauarbeiten bereits zum Opfer, weil in Zukunft der Minivan der Familie dort geparkt werden muss, wo ich als Knabe noch auf selbstgeschnitzten Pfeifen die Melodien meiner Kindheit blies. Meine geliebte Tilia!

Bevor sich die Maurerhorden ins Innere des Hauses vorarbeiten, muss ich unbedingt noch meine Gießkannensammlung in Sicherheit bringen, immerhin sind da Raritäten aus den frühen 60ern und 70ern dabei. Wo ich die jetzt lagern soll, weiß ich allerdings noch nicht, wegschmeißen kommt aber sowieso nicht in Frage, immerhin sind sie alle noch funktionstüchtig. Bei dieser Gelegenheit müssen auch noch meine Taschenlampen, die Einzelteile mehrerer Bewässerungsanlagen und die noch zu reparierenden, dann aber sicher wieder einwandfrei funktionierenden Transistorradios aus dem Keller geborgen werden. Ich höre jetzt schon das Wehklagen meiner Frau, weil sie nicht wissen wird, wo noch Platz für diesen „Krempel" – wie sie sich auszudrücken pflegt – sein soll.

Sehr geehrtes Tagebuch!
Hilfe! Nach 50 Jahren sieht mein Elternhaus wieder aus wie ein Rohbau! Es wurden sämtliche Fenster entfernt, und es zieht wie in einem Vogelhaus. Zufällig war ich beim Ausbau der Fenster anwesend, und so konnte ich ein paar davon retten. Mit diesen werde ich mir später einmal ein Gewächshaus zimmern. Von den Fenstern, die zu Bruch gegangen sind, habe ich die Beschläge abgeschraubt. Wer weiß, wozu die noch gut sein können! Leider kann ich meinen ursprünglichen Plan, alle alten Fenster bei ebay zu versteigern, nicht in die Tat umsetzen.

Sehr geehrtes Tagebuch!

Für die Erledigung grober Arbeiten hat mein Schwiegersohn Verstärkung in Person seiner Brüder angefordert. Die kümmern sich seit gestern um das Abreißen von Wänden, das Durchbrechen von Maueröffnungen und das Erweitern diverser Tür- und Fensteröffnungen.

Ich kenne diese Arbeiten gut. Als sich meine Frau die Durchreiche in der Küche gewünscht hat, habe ich die betreffende Wand in akribischer Kleinarbeit Ziegel für Ziegel abgetragen. Dabei ist so gut wie kein Schmutz angefallen. Gut, dass meine Frau damals die ganze Zeit mit dem Staubsauger neben mir stehen musste, kann ich mir heute noch anhören …

Aber diese menschgewordenen Abrissbirnen, die da auf die altehrwürdigen Wände losgelassen werden! Da wird mit dem Vorschlaghammer drauflos gedroschen, dass das ganze Haus erbebt! Überall der Staub, der Schmutz, der Schutt! Und kein Ziegel bleibt ganz! Bei etwas mehr Vorsicht hätte man die noch für das Ausmauern der Fensteröffnungen verwenden können. Die von meiner Durchreiche sind schon zur Verwendung gekommen.

Sehr geehrtes Tagebuch!

Ich dachte immer, das Haus, in dem meine Frau und ich wohnen, sei zu groß. Aber wenn man es sich mit einer fünfköpfigen Familie teilen muss, dann wird es schnell relativ eng.

Aus diesem Grund kommt mir der einwöchige Urlaub, den meine Frau und ich morgen antreten, gar nicht ungelegen. Andererseits weiß ich jetzt schon, dass mir die Ungewissheit darüber, was in meinem Elternhaus in dieser Woche alles passieren wird, im Feriendomizil den Schlaf rauben wird.

Sehr geehrtes Tagebuch!

Wir sind zurück vom Urlaub. Der Zubau steht schon, und unser Haus steht noch. Die Löcher, die meine Enkel während meiner Abwesenheit im Garten gegraben haben, waren schnell wieder zugeschüttet. Bis Gras darüber gewachsen ist, wird es aber noch eine Weile dauern.

Generationengerecht bauen – Eigenheim oder Pflegeheim?

Wenn Sie ein bestehendes Haus umbauen möchten, überlegen Sie, ob die Wohnräume nach Süden verlegt werden können. Oft wird am Esstisch die meiste Zeit des Tages verbracht, daher sollte dieser so angeordnet sein, dass von morgens bis abends die Sonne hinscheinen kann und ein schöner Blick in den Garten gegeben ist.

Planen Sie den Grundriss Ihres Hauses flexibel, damit er über verschiedene Lebensabschnitte „mitwachsen" kann, je nach Alter und Familiengröße. Eventuell haben Sie jetzt ein großes Wohn- und Spielzimmer für Kinder, das Sie später abteilen können, oder Sie planen schon jetzt ein Zimmer als Büro oder Gästezimmer ein, das später ein ebenerdiges Schlafzimmer werden kann.

Einen Raum, der jetzt als Abstellraum und Platz für die Waschmaschine dient (damit man/frau mit der Wäsche nicht immer in den Keller laufen muss), könnte später mit einer Dusche erweitert werden – so haben Sie im Erdgeschoß eine eigene „pensionsgerechte" Wohneinheit. Für ein Haus, in dem zwei Generationen mit- und nebeneinander Platz haben, sollte die Stiege vom Vorraum aus ins Obergeschoß gehen und nicht vom Wohnbereich aus. Falls Sie einmal einen Lift einbauen möchten, können Sie z.B. eine U-förmige Stiege planen, wo in der Mitte Platz für den Lift bleibt.

Für ein alterstaugliches Haus sollten Sie weiters berücksichtigen:
- Einen stufenfreien, gut beleuchteten Zugang zum Haus
- Gut erkennbare Hausnummer (für Besucher, Arzt, …)
- Gut und ausreichend lange beleuchtete Gänge und Stiegen, rutschfeste Bodenbeläge
- Stolperfallen vermeiden wie z.B. lose Teppiche, Türschwellen, Kabel, etc.
- Alle Türen sowie Bad- und WC-Einrichtung rollstuhltauglich (1,5 m Bewegungsradius), bodengleiche Dusche.

Wenn die Heizkosten zu hoch werden und durch die alten Fenster der kalte Wind hereinbläst, ist eine „thermische Generalsanierung" angebracht. Das heißt, dass die oberste Geschoßdecke bzw. das Dach besser gedämmt werden, die Außenwand und die Kellerdecke gedämmt werden, sowie neue Fenster eingebaut werden. Im Zuge der Sanierung sollten Sie auch überlegen den 20 Jahre alten Heizkessel zu tauschen, da dieser meist nicht mehr wirtschaftlich und umweltfreundlich arbeitet. Für diese Sanierungsarbeiten gibt es sehr gute Förderungen und meistens auch kostenlose Erstberatungen der Landesregierungen bzw. guter Bankinstitute.

Was sich in einer Woche auf einer Baustelle alles tut! Der Zubau steht, die neuen Fenster sind eingebaut und verputzt. Das Erscheinungsbild meines Elternhauses ist ein komplett anderes geworden: Dort wo Fenster waren, sind jetzt größere Fenster oder Türen, dort wo Türen waren, sind Fenster oder noch größere Türen, und durch den Zubau wirkt das ganze Haus völlig anders. Auch eine Lüftungsanlage ist installiert worden. Wofür man so etwas braucht, ist mir schleierhaft, man kann die Fenster ja aufmachen und lüften, wenn einem nach Frischluft zumute ist!

Sehr geehrtes Tagebuch!
Nach einer ausführlichen und gewissenhaften Begehung meines ehemaligen Elternhauses halte ich Folgendes mit Entsetzen fest: Die Böden sind durch die ungestümen Abbrucharbeiten schwer in Mitleidenschaft gezogen, die Holzstiege ist von einer Mischung aus Ziegelsplittern und Mörtelspritzern bedeckt und das Bad mit den schönen Fliesen, die meine Eltern noch ins Betonbett gedrückt haben, verwüstet. Sogar in der Badewanne liegt Bauschutt. Ob der einfach so hineingefallen ist oder dort bis zum Abtransport gelagert werden soll?

Meine Tochter erklärte mir, dass auch das alles neu gemacht werden soll. Als sie mir damals die ersten Umbaupläne unterbreitete, war davon aber noch keine Rede gewesen. Ich habe heute die Baustelle in sehr trauriger Stimmung verlassen. Nichts erinnert mehr an das Haus, in dem ich aufgewachsen bin.

Sehr geehrtes Tagebuch!
Achteinhalb Wochen waren sie bei uns, jetzt sind sie wieder ausgezogen! Nach intensiven Reinigungsarbeiten haben meine Frau und ich unser Zuhause wieder in den ursprünglichen Zustand versetzen können. So gern ich meine Enkelkinder habe: Dem Geschrei und Gezanke früh am Morgen werde ich keine Träne nachweinen.

Sehr geehrtes Tagebuch!
Meine Frau und ich waren heute im Hause meiner Tochter als Gäste geladen. Ich muss schon sagen: Was da in relativ kurzer Zeit

vollbracht wurde, lässt mich staunen. Die neue Fassade und der Eingangsbereich sind ganz hübsch geworden. Die großen Fenster ermöglichen einen schönen Blick in den Garten, und die Umgestaltung der Räume könnte sich durchaus als praktisch erweisen. Jedes der Kinder verfügt über ein eigenes Zimmer, und auch das neue Bad sieht elegant aus.

Nach einem schönen Abend sind meine Frau und ich noch ein Weilchen herumspaziert. Gemeinsam freuen wir uns über das schöne neue Heim der jungen Familie. Aber in die Freude mischt sich bei mir auch ein bisschen Wehmut, denn alles, was von meinem Elternhaus übrig geblieben ist, ist die Adresse.

Elternhausstrasse 1

„WAS VON MEINEM ELTERNHAUS ÜBRIGGEBLIEBEN IST, IST DIE ADRESSE!"

Erfindungen,

die man als Hausbauer schon immer gebraucht hätte, und auf die man vermutlich auch weiterhin vergeblich warten muss

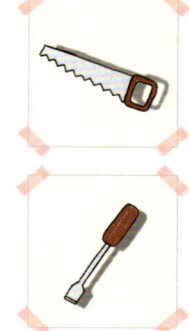

Gartenschlauch nach Bluetooth-Prinzip:
nie wieder lästiges Anschließen an die Gartenwasserleitung, Spritzdüse funktioniert im wahrsten Sinn des Wortes „schnurlos"; lästiges Aufwickeln des Schlauches entfällt, Verknotungen und Abknicken kommen nicht mehr vor, und eine Gartenwasserleitung muss erst gar nicht gegraben werden!

Staubfreie Ziegel:
bei Umbau- oder Abbrucharbeiten fällt kein Schmutz an, Schutt-Schaufeln kennt man nicht mehr; man spart Geld, weil man keine Mulden anmieten muss; das Niederreißen von Wänden ist auch spontan am Sonntagmorgen vor dem Kirchgang in Anzug und Krawatte möglich.

Wandfarbe mit Spracherkennung:
kein umständliches Beschreiben der Grün-Nuancen beim Maler („Ich hätte gern ein Apfel-Grün, aber nicht so grün wie ein Granny-Smith-Apfel, sondern eher so grün wie ein noch nicht reifer Golden Delicious. Oder eher wie Minze. Aber eher in Richtung Pfefferminz, und nicht Katzenminze …"); einfach in den Kübel sprechen, und die Farbe nimmt den Farbton an, den man gerne hätte. Wandelbarkeit bleibt auch nach dem Aufbringen erhalten (zweimaliges Klatschen bewirkt Abdunkeln, lautes Jauchzen heller Werden).

Selbstnachfüllende Tacker- und Naglergeräte

Universalschrauben für alle Materialien, die immer die richtige Länge, den perfekten Durchmesser und den benötigten Bit haben.

Rasen mit Sollbruchstelle:
knickt in der richtigen Länge ab und zerfällt zu Stickstoffdünger. Rasenmähen ist damit Geschichte, und der Nachbar hat ein Mittel weniger, mit dem er am Sonntagnachmittag nerven kann.

Werkzeug, das nie hinunterfällt

Beheizter Käseleberkäsesemmelspender für die Baustelle:
immer frischer heißer Leberkäse auf der Baustelle!

Solar-Schrauber für Arbeiten im Freien

Selbstfahrende GPS-Scheibtruhen:
bringen den Beton millimetergenau zum Einsatzort.

Hammer mit garantierter Treffsicherheit:
auch fürs Hämmern und Nageln in stockfinsterer Nacht.

Rollpflaster:
vom Prinzip wie Rollrasen, nur eben aus Beton, Granit oder anderem Gestein.

Gerüstpfosten, die immer die richtige Höhe haben und niemals wackeln.

Fließ-Boden in Holz-, Fliesen- oder Teppichoptik:
den Wohnraum damit fluten, trocknen lassen … fertig!

Holz, das sich auf Zuruf auf die benötigte Länge kürzt

Familiäre Sondierungsgespräche

Warum man „Sondierungsgespräche" nicht den Politikern überlassen sollte.

W er meint, „Sondierungsgespräche" wären eine Erfindung unserer Politiker, der irrt. Ein Hausplan zum Beispiel könnte ohne familiäre Sondierungsgespräche niemals entstehen.

Es war Ende der 90er Jahre des vergangenen Jahrhunderts, als ein Wort wie der Blitz in den öffentlichen Sprachschatz einzog: „Sondierungsgespräche". Schlägt man in Wörterbüchern nach, dann werden Sondierungsgespräche als informelle Treffen zwischen Vertretern verschiedener Parteien definiert. Wobei der Zusammenhang so gut wie immer ein politischer ist. „So gut wie immer", aber eben nicht immer! Denn im Vorfeld von elementaren Entscheidungen Sondierungsgespräche zu führen, zu verhandeln, zu pokern, zu bluffen und zu drohen, ist nicht exklusiv Politikern vorbehalten, sondern zum Beispiel auch alltägliches Brot einer ein Haus planenden Familie. Die einzelnen Familienmitglieder entsprechen den politischen Parteien, die Rolle des mehr oder weniger souveränen Gesprächsleiters kommt dem Architekten zu.

Und los geht's: Gehen wir mal vom schwierigsten aller Fälle aus. Nämlich davon, dass in der Familie demokratisch entschieden wird. Das macht es natürlich ungleich schwerer, Entscheidungen zu fällen, die dann ein paar Monate oder Jahre später fest gemauert und unumstößlich in der Erde stehen.

Ein Beispiel: Vater und Mutter sind ja nicht nur Vater und Mutter sondern haben meist auch noch ein ganz persönliches Privatleben. Er ist Computerfreak und reger Internet-Besucher, sie ist Lehrerin und zu Hause oft damit beschäftigt, einige Kilogramm Schularbeitshefte abzuarbeiten. Also: Beide brauchen ein Büro! Und weil er diverse Websites

nie ohne lautstarke Hintergrundmusik Marke „Heavy Metal" besucht und sie beim Verbessern am liebsten gar nichts oder höchstens Mozart lauscht, ist ein gemeinsames Büro ein Ding der Unmöglichkeit.

Der vife Architekt hat deshalb auch schon zwei Räume als Arbeitszimmer in seinen ausgetüftelten Plan integriert. Aber – und jetzt kommt's: Das eine Bürozimmer – ein sonniges – liegt im Erdgeschoß, hat den wunderbaren Ausblick auf den Rasen und den dahinter vor sich hin blühenden Gemüsegarten sowie einen direkten Zugang auf die Holzterrasse. Arbeitszimmer Nummer zwei liegt im Keller, was erstens null Aussicht und zweitens ein ziemliches Imageproblem für den bedeutet, der dort seinen Arbeitsplatz einrichten soll.

Bevor nun der Architekt im Beisein eines staatlich geprüften Box-Ringrichters Vater und Mutter aufeinander los- und um den Terrassenblick streiten lässt, beginnen die Sondierungsgespräche. Man lotet aus, deponiert taktische Sonden ins Bewusstsein der anderen Partei: Mutter weist darauf hin, dass Vater ohnehin eine Paradeiser-Allergie hätte und die schöne Aussicht nur eine Ablenkung für ihn wäre. Außerdem habe ja bekanntlich auch Bill Gates in einem Keller seine unglaubliche Karriere begonnen und nicht ebenerdig mit Terrassenzugang und Gemüseblick. Vater kontert geschickt: Er wäre als 4-Jähriger einmal für zwölf Minuten in einem Erdäpfelkeller eingesperrt gewesen und leide seitdem unter einem kombinierten Keller/Gemüse-Trauma. Darüber hinaus hätte Gates in einer Garage begonnen, die – wie man ja weiß – in den USA nahezu ausnahmslos an Holzterrassen und Gemüsegärten grenzen.

Die Argumente sind ausgetauscht, das Gegenüber zeigt sich ungerührt. Sondierungsstufe zwei läuft deshalb schon etwas härter ab. Sollte er sich auf das Sonnenzimmer versteifen, würde sie zwar in den Keller ziehen, aber sich aus selbigem nicht mehr fortbewegen und dort ein Eigenleben führen, ohne sich um den Rest der Familie zu kümmern. Sein Gegenargument – er fürchte im finsteren Keller um sein fröhliches Wesen, worunter die gesamte Familie zu leiden hätte, fiel da ein wenig schwach aus.

Der zu Rate gezogene Architekt erweist sich in dieser Situation als etwas hilflos, stammelt etwas von gläsernem Bürokubus, den man in den geplanten Bau einschieben könne und verabschiedet sich ins Wochenende.

Es wäre also eine ziemlich verfahrene Situation gewesen, wäre nicht plötzlich die 14-jährige Tochter ins Spiel gekommen. Man hatte sie – um es nicht unnötig kompliziert zu machen – in den ersten, informellen Planungsteil gar nicht einbezogen. Doch im Bewusstsein, dass zu spät kommende Parteien meist mit dem Leben in untergeordneten Räumlichkeiten bestraft würden, hatte sich die Tochter heimlich eine Kopie des Planes besorgt. In parallel zu den elterlichen Verhandlungen geführten Sondierungsgesprächen mit dem um zwei Jahre jüngeren Bruder, hatte sich für den Nachwuchs folgende Lösung in Sachen „Kinderzimmer" herauskristallisiert: Besagtes ebenerdiges „Arbeitszimmer" wird Tochter beziehen, Bruder begnügt sich mit dem Zimmer im oberen Stockwerk, da es immerhin über einen exklusiven Zugang zum Balkon verfügt. Dass der Architekt im Plan dieses Zimmer als „Schlafzimmer Eltern" bezeichnet hatte, konnte, so der Sohn, nur auf einem Flüchtigkeitsfehler beruhen.

Mutter und Vater protestieren heftig und erinnern daran, dass den Sprösslingen ja gar kein Auftrag zur Planfixierung erteilt worden war. Die Kinder schmettern diese Proteste mit der überaus wirksamen Drohung ab, ihre beiden Bausparverträge aus dem Projekt abzuziehen.

Inzwischen hat Vater eine raffinierten Finte ausgeheckt: Er zieht sich scheinbar schmollend in das Kellerbüro zurück, hatte aber, ohne die anderen Familienmitglieder zu informieren, in geheimen Verhandlungen mit dem Architekten aus dem schlichten Kellerschachtfenster eine Panoramaverglasung gemacht, die sein stiefmütterliches Kellerabteil zum Licht durchfluteten Studio machen würde. Mutters daraufhin folgendes durchschaubares Rückzugsgefecht in Richtung Keller und ihr Versprechen, im Gemüsegarten keine Paradeiser anzubauen, helfen nichts mehr. Papa wird der Keller zugeteilt, Mama freundet sich mit dem Gedanken an, im ursprünglichen Kinderzimmer mit den Schularbeiten zu raufen, das Elterndoppelbett wandert in den begehbaren Schrank und für die Kids ist sowieso schon immer alles klar gewesen.

Noch unzählige ähnliche Sondierungseinheiten folgen. Beim Hausbau gehen die Themen in dieser Hinsicht ja niemals aus: Die Wahl der Lichtschalter, der Fliesen im Badezimmer, der Holzböden, der Eingangstüre, und so weiter, und so weiter – alles geht durch die Son-

EXPERTENTIPP

„Plan zeichnen kann jeder – oder?"

Der Bau des eigenen Traumhauses ist doch meist das größte und kostspieligste Projekt, das eine Familie zu bewältigen hat. Daher sollten Sie sich für die Planung ein gutes Jahr Zeit nehmen und sich nicht stressen lassen – Sie wohnen ja dann auch ein Leben lang im Haus! Die ersten Skizzen sollten Sie selber anfertigen, jedoch gleich mit der Einrichtung. Nur so bekommen Sie ein Gefühl für Raumgrößen und können überlegen, von welchem Punkt des Hausinneren Sie später auf Ihren Traumgarten blicken, die Aussicht genießen und die Sonne spüren können! Bedenken Sie jedoch auch, dass jeder Quadratmeter Wohnfläche ca. € 1.500,– kostet, beheizt und geputzt werden muss und auch den Keller vergrößert! Hier kann Ihnen ein guter Planer helfen „unnötige" Flächen (z.B. lange Gänge) einzusparen. Durch die eingesparten Baukosten sollte sich eine gute Planung rasch von selbst rechnen!

Fünf eiserne Regeln, von denen Sie sich bei der Planung Ihres Hauses leiten lassen sollten:

1. Lassen Sie sich bei der Planung Ihres Hauses nicht bevormunden! Es ist Ihr Haus und Ihr Leben.

2. Nehmen Sie die Planung ernst. Delegieren Sie die Planung nicht. Nur einer weiß wirklich, was Sie wollen und brauchen, und das sind Sie selbst.

3. Denken Sie daran, welch immense und entscheidende Investition ein Hausbau ist. Und widmen Sie der Planung dieses Hauses jene Zeit, die ihm zusteht.

4. Definieren Sie klar Ihr Ziel, bevor Sie sich auf den Weg zum Traumhaus machen!

5. Sagen Sie Ihrem Hausplaner genau, was Sie wollen. Je präziser Ihre Wohnwünsche, umso besser Ihr Haus!

➤

dierungsmaschinerie, wobei nicht immer sämtliche Parteien involviert sind. Einmal scheint das gesamte Projekt neuerlich in Gefahr zu geraten. Als es nämlich darum geht, die Positionierung des wohnzimmerlichen Wandverbaues und damit des Fernsehgerätes festzulegen, prallen Vater und Sohn unerbittlich aufeinander. Sohn droht, in die Opposition zu gehen, – also zu seiner Großmutter zu ziehen – wenn der Fernseher nicht so positioniert würde, dass man ihn auch vom Esstisch aus sehen kann. Vater stemmt sich aus pädagogischen Gründen dagegen. Ein kreativer Vorschlag der Tochter rettet alle aus dieser Pattstellung: Da sie ohnehin schon beschlossen habe, einen eigenen TV-Anschluss

Die Einrichtung Ihres Hauses sollten Sie von Anfang an mit der Hausplanung mitberücksichtigen. Nur wenn Sie z. B. die Küche, das Esszimmer und das Badezimmer gleich mitplanen, wissen Sie, wo die Fenster (Ober- und Hochschränke in der Küche) oder Terrassentüren (Sonne und Gartenblick im Esszimmer) sein sollen. Wenn Sie schon während der Entwurfsplanung zu einem Küchen- und Bäderplaner gehen, haben Sie die Sicherheit, dass Ihre Traumküche und Traumdusche auch Platz haben und die Zwischenwände am richtigen Platz stehen. Der Essplatz ist häufig der Mittelpunkt des Hauses, wo die meisten Stunden mit Familie & Freunden verbracht wird! Daher sollte dieser geräumig, hell, sonnig und freundlich sein. Das Wohnzimmer ist heutzutage oft „nur" mehr eine Rückzugsraum zum Lesen und Fernsehen und kann aus Schallschutzgründen z. B. mit einer Glasschiebetür vom Essbereich getrennt werden. So bleibt das Erdgeschoß hell und großzügig und lässt sich doch teilen.

Die Kinderzimmer sollten nach Süden bzw. Westen schauen, damit Ihre Kinder am Nachmittag, wo sie ja häufig die meiste Zeit im Kinderzimmer verbringen, genug Licht und Sonne bekommen. Das Elternschlafzimmer kann ruhig nach Osten bzw. Norden schauen, da es hier automatisch kühler bleibt und Eltern tagsüber kaum Zeit im Schlafzimmer verbringen!

Infoquellen: Konkrete Planungstipps und Tricks dazu finden Sie im Buch „Bauen im Gleichgewicht" (zu bestellen bei: www.traumhausplanung.at)

in ihrem Zimmer zu erhalten, wäre es ja nur gerecht, ihn auch ihrem Bruder zuzugestehen …

Und endlich: Der fertig ausverhandelte Hausplan liegt vor. Unterschriftsreif. Kleinliche Einwände des Architekten, der etwas von „undurchführbar" stammelt, wischt man mit demokratischer Wucht vom Tisch. Als man an einem eisigen Winterabend in der viel zu engen Küche der alten Wohnung mit dem Architekten auf den fertigen Plan anstößt, lässt es sich dieser nicht nehmen, die Lösungskompetenz der Familie zu loben und die Fairness, mit der die Diskussionen stattgefunden habe.

Als der Architekt dann den Kostenvoranschlag präsentiert, bittet Vater allerdings mit der Umsetzung doch noch ein wenig zu warten. Er müsse zunächst weitere Sondierungsgespräche führen. Mit seiner Hausbank!

„PLAN ZEICHNEN KANN JEDER!"

Wer im Glashaus sitzt

oder: Exhibitionist und Voyeur – eine Symbiose im Passivhaus

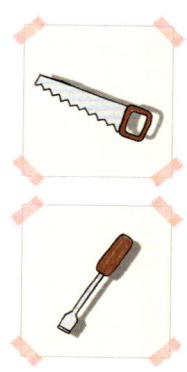

Neulich, an der Wursttheke, sprach mich eine mir gänzlich unbekannte ältere Frau an. Ich reagierte zuerst nicht, weil ich nicht bemerkte, dass sie mich meinte. Als sie jedoch an meinem Ärmel zupfte und die 15 dag Schinken statt mir in Empfang nahm, wusste ich: Das geht mich an.

„Herr Hausmann, kann das sein, dass Sie, seit Sie in Ihrem Haus wohnen, ein paar Kilo zugelegt haben? Da wölbt sich doch ein kleiner Schwimmreifen an Ihren Hüften, gell?" Ich schaute sie verwirrt an, denn meine Diätberaterin war diese Kundin mit Sicherheit nicht. Wie kam die Frau darauf? Beziehungsweise: Woher, verdammt noch mal, wusste sie das mit meinem kleinen Ranzen? Immerhin hatte sie mich ja noch nie in Unterhosen gesehen – oder gar nackt …?

Sie hatte. Und wie sich bald herausstellen sollte, war sie nicht die Einzige, der gewisse Dinge in unserem Haus auffielen.

Ein paar Tage später nämlich fragte mich ein Mann auf der Straße, woher wir die schöne neue Stehlampe im Wohnzimmer hätten. Und auch die Teppiche gefielen ihm ganz besonders, wie er mir versicherte. Gut, dass wir den alten Läufer rausgeschmissen hätten, den habe er von Anfang an nicht gemocht. Ich nickte, gab ihm Recht und stolperte weiter.

Als mir die Apothekerin dann noch gestand, dass ihr unsere in Naturtönen gehaltene, gestreifte Bettwäsche gut in Kombination mit dem Seidennachthemd meiner Frau gefiele, sah ich dringenden Handlungsbedarf gegeben. Ich montierte erst einmal Vertikaljalousien vor dem Schlafzimmerfenster.

Ab diesem Zeitpunkt kam es vor, dass meine Schwiegermutter auch dann bei uns anrief, wenn wir noch im Schlummer lagen, weil sie, wie sie nicht müde wurde zu beklagen, von der Straße aus nicht mehr sehen konnte, ob wir uns noch in den Kissen wälzten oder nicht.

Beim Spaziergang durch die Ortschaft riefen mir die Leute zu: „Sagen's, haben Sie eigentlich in jedem Stockzahn eine Plombe?"

„Waren das Ihre Eltern vorigen Sonntag, die zum Mittagessen da waren?" Und nach unserem Sommerurlaub fand ich einen anonymen Zettel im Briefkasten: „Schön, dass Sie wieder da sind! Allerdings emp-

EXPERTENTIPP

„Große Glasflächen richtig geplant"

Das „Geheimnis"eines sonnigen und energiesparenden Hauses ist die exakte Grundrissausrichtung (mit der Längsseite) nach Süden und ein Glasflächenanteil (mit 3-fach Verglasung) von ca. 40 % der Südfassade. So ist gewährleistet, dass die Sonne den ganzen Tag über in die Aufenthaltsräume scheint. Wenn z. B. der Essplatz (wo ja normalerweise die meisten Stunden mit Familie und Freunden verbracht werden) in der Mitte der südlichen Haushälfte geplant ist und Sie keine durchgehenden Wände zur Küche bzw. zum Wohnzimmer planen, dann kommen Sie in den Genuss, dass vom Morgen bis zum Abend der Essbereich hell und sonnig ist. Damit nicht das Gefühl aufkommt, in einer „Auslage" zu sitzen, wird der Gartenzaun etwas höher und undurchsichtig geplant, sowie die Gartengestaltung mit einer blickdichten Naturhecke hinter dem Zaun vorgesehen.

Die großen Glasflächen im Süden können Sie z. B. mit Dachvorsprüngen, einer Pergola oder einem Sonnensegel sehr einfach beschatten. Rollläden, die das Haus tagsüber zu einer „finsteren Höhle" machen, sind dann nicht nötig. Außenjalousien, die schräg gestellt die Sonnenstrahlung aussperren jedoch noch Licht hereinlassen, sind auch für die Ost- und Westseite eine weitere, gute Möglichkeit zur Beschattung bzw. auch zur Verdunklung.

Im Westen ist ein Zuviel an Glasflächen mit Vorsicht zu genießen, da die flachstehende Nachmittagssonne zu Überhitzungsproblemen führt. Im Norden können Sie die Fenster ruhig weglassen bzw. verkleinern, da es hier nur Energieverluste gibt.

fehle ich fürs nächste Mal einen FKK-Urlaub, dann werden Sie alle nahtlos braun! Übrigens: Der Sonnenbrand auf Ihren Schulterblättern schaut gar nicht gut aus!"

Eines Abends nahm ich, frisch geduscht, und wie Gott mich schuf, vor dem Fernseher Aufstellung, weil ich noch die letzten Minuten eines Fußballspiels miterleben wollte. Da schreckte mich ein lautes Klopfen hinter mir hoch. Eine vierköpfige Familie, die gewölbten Hände neben dem Kopf und die Nasen an die Scheibe gedrückt, deutete mir, ich solle mich doch bitte zur Seite wegbewegen, ich verstelle ihnen die Sicht. Ich wickelte mich flugs in den Sofaüberwurf und öffnete die Schiebetür, um diese Menschen von meinem Grundstück zu verjagen. Sie aber machten keine Anstalten sich zu entfernen, sondern bedankten sich dafür, dass jetzt die Sicht auf den Fernseher besser denn je sei, weil es nicht mehr so spiegeln würde.

Ob ich aber bitte so freundlich wäre, den Sender zu wechseln, weil auf SAT1 laufe jetzt ihre Lieblings-Seifenoper, und die würden sie schon seit Sendestart mitverfolgen. „Von meinem Garten aus?" „Nein, natürlich nicht. Anfangs sind wir noch auf der Straße gestanden, aber von hier hört man besser."

Erst als ich ihnen mit einer Meldung bei der GIS und einer Anzeige wegen Schwarzsehens drohte, trollten sie sich. „Dann suchen wir uns halt ein anderes Passivhaus", rief mir das Familienoberhaupt über die Schulter zu.

Dieses Erlebnis brachte mich so weit, Schiebegardinen zu kaufen. Den Entschluss, sie zu montieren, fasste ich, als wir Besuch von einer Freundin hatten. Sie hielt es nicht lang bei uns aus, und während ihres Kurzbesuchs schaute sie sich immer wieder gehetzt um, öffnete die Fenster, warf blindlings Hauspatschen und Kerzenständer in die Dunkelheit da draußen und stieß dabei Flüche und Verwünschungen in allen möglichen Sprachen und unglaublicher Lautstärke aus. Auf meine Frage, ob wir uns Sorgen um ihre psychische Gesundheit machen müssten, antwortete sie: „Nein, aber ich möchte den Massenmörder, der mich beobachtet, gerne schon vor seiner Tat zu Gesicht bekommen! Der feige Hund soll sich zeigen!!!"

Wir haben seither eine Übereinkunft mit ihr, dass sie uns nur besucht, wenn es draußen hell ist, keine Sonnenfinsternisse zu erwarten sind und eine Sichtweite von mindestens 200 Meter gewährleistet ist.

Es stimmt schon: Manchmal kommt es einem in einem Passivhaus vielleicht so vor, als säße man in der Auslage. Im Gegensatz zu Schaufensterpuppen kann man dagegen aber etwas tun: Ich kenne nämlich die meisten Stamm-Zaungäste schon recht gut, und ich revanchiere mich bei besonders auffällig glotzenden Läufern mit Spruchbändern wie „Hopp! Hopp!" oder „Bitte gehen Sie weiter, hier gibt es nichts zu sehen!". Manchen rufe ich auch Aufmunterungen zu wie: „Na, die Runde sind Sie aber auch schon schneller gelaufen, was?" oder „Schöner Laufdress! War der in Ihrer Größe schon vergriffen?".

„WER IM GLASHAUS SITZT ..."

Modellathleten

oder: Welchen Maßstab hätten's denn gern?

Wenn Sie meine Frau und mich einmal sehen sollten, wie wir durchs Haus hasten, bewaffnet mit Besen, Schrubber, Staubsauger und Wischtüchern, dann können Sie sicher sein, dass Besuch ansteht. Für Verwandtschaft, die sich angekündigt hat, treiben wir so einen Reinigungsaufwand allerdings nicht mehr. Wir sind beide mit ziemlich vielen Menschen näher oder entfernter verwandt, da kämen wir aus dem Putzen nicht mehr heraus, wenn wir für jede Großcousine ein Großreinemachen starten würden.

Wir bringen unser Heim nur mehr für wildfremde Menschen auf Vordermann. An vier Tagen im Jahr herrscht in unserem Haus nämlich Tag der offenen Tür. Dann fährt ein Bus vor, dem mehr oder weniger hoffnungsvolle, mehr oder weniger begeisterte und mehr oder weniger entschlossene Menschen entsteigen. Die stehen dann in Grüppchen erst einmal eine Zeit lang ratlos vor und neben unserem Haus, mustern die Fassade, machen Fotos oder stecken gleich die Köpfe zusammen, tuscheln und lachen. Angeführt wird dieser Trupp jedes Mal von unserem Hausplaner, der im Zuge von Exkursionen für angehende Hausbauer zeigen will, was man sich alles auf seinen Grund hinstellen kann.

Irgendwann kommt auch der letzte Besucher ins Haus, und dort wird dann weiter im Akkord fotografiert, skizziert, vermessen, notiert und mit den eigenen Plänen verglichen.

Es ist hochinteressant, welche verschiedenen Typen von Hausbauern immer wieder zu uns kommen. In jeder Gruppe gibt es da die **Unschuldigen Hochmotivierten**. Die sind jedes Mal am leichtesten zu erkennen: Junge Ehepaare, beziehungsweise junge, in Lebensgemeinschaft lebende Menschen, die mit frisch manikürten Fingernägeln erst in ein paar Jahren am Dreißiger kratzen werden. Meist haben sie Säuglinge

oder Kleinkinder mit, für die das Haus mitgeplant werden soll, manchmal werden sie vom Vater der Frau begleitet, der pensionierter Lehrer
ist. Die Unschuldigen Hochmotivierten haben noch nie mit Baufirmen, Professionisten und Handwerkern zu tun gehabt, und verströmen
deswegen eine erfrischende Blauäugigkeit, die ihnen in weiterer Folge,
namentlich beim Hausbau, entweder über alle Schwierigkeiten hinweg-
helfen oder die sie in eine dunkle Sackgasse treiben wird, aus der sie
verbittert und desillusioniert wieder herauskommen. Sie vermessen alles.
Von der Couch bis zum Kaffeehäferl, vom Bettvorleger bis zur Wand-
stärke der gläsernen Duschwand wird alles einer genauen Inspektion
unterzogen und in mitgebrachte Listen eingetragen.

Fragen stellen sie eher wenig, weil sie von der Fülle der Informatio-
nen des Inneren eines Hauses ohnehin wie erschlagen sind. Sie notieren,
nicken und schlurfen selig lächelnd von einem Zimmer ins nächste.

Außerdem kommen auch die **Vorbereiteten Bestätigungsabholer**.
Die haben Umhängetaschen, Rollwägen und Rucksäcke mit, die bis
oben hin mit Informationsmaterial von verschiedenen Firmen und
über diverse Baumaterialien vollgestopft sind. Sie haben Folder von
den Fenstern die sie einbauen und Kataloge von den Fußböden, die
sie in Bad, Küche, Klo und Wohnzimmer verlegen werden. Sie schleppen Kostenvoranschläge für Estriche, Putze und Gartenarbeiten mit,
obwohl sie in manchen Fällen noch nicht einmal einen Baugrund ihr
Eigen nennen. Trotzdem wissen sie schon, wie viel das Ausheben der
Baugrube kosten wird.

Die Haupttätigkeit der Vorbereiteten Bestätigungsabholer ist das
Vergleichen: Was werden unsere Fenster kosten und was haben die bei
wem anderen gekostet? Ist das eigene Produkt besser und trotzdem
billiger, bleibt man dabei. Stellt sich heraus, dass das andere Fenster bei
den gleichen oder besseren Eigenschaften um einen Tick günstiger ist,
wird der Fensterfolder sogleich aus dem Ringordner entfernt und danach getrachtet, einen von den anderen Fenstern so schnell wie möglich
einheften zu können. In den meisten Fällen haben diese angehenden
Hausbauer aber ohnehin die tollsten Angebote, oder sind zumindest

so fest davon überzeugt, dass sie nur zum Zweck der Selbstbestätigung andere Preise erfragen.

Die gerade genannte Gruppe ist schon etwas anstrengender, weil sie uns dazu zwingt, uns jeden Preis und jede noch so klitzekleine oder riesengroße Summe ins Gedächtnis zu rufen. Nach der Befragung durch die Vorbereiteten Bestätigungsabholer fühlen wir uns immer wie nach einer Diplomprüfung an der Wirtschaftsuniversität.

Noch anstrengender aber sind die **Misstrauischen Zweifler.** Sie können sich nicht vorstellen, dass eine kontrollierte Wohnraumlüftung funktioniert, dass Lehmputz wirklich so gut sein solle, wie alle sagen, dass die Fenster dicht und Holzböden eine gute Idee sind. Sie bezweifeln, dass die Heizung richtig dimensioniert und die Energieversorgung richtig gelöst wurde. Sie schaffen es mit ihrer Skepsis fast, sogar uns Hausbesitzer zu verunsichern. Was sie bei den anderen Exkursionsteilnehmern anrichten, lässt sich gar nicht abschätzen. Wir haben nach solchen Besuchen schon einige im Frust weggeworfene Baupläne und Skizzenbücher im Feld gegenüber gefunden. Interessanterweise stellt sich bei näherer Betrachtung oft heraus, dass die Misstrauischen Zweifler in vielen Fällen die Begleiter der Unschuldigen Hochmotivierten sind. Die leiden dann still vor sich hin, tragen aber weiterhin ihren unerschütterlichen Glauben an das Gute in der Welt im Allgemeinen und im Handwerker im Speziellen zur Schau.

Die **Endlosen Planer** können einem dagegen fast leid tun. Auch sie sind mit unzähligen Mappen, Heften und Planrollen beladen. Darin finden sich aber keine Kostenvoranschläge oder konkrete Angebote von Firmen, sondern Skizzen, kopierte Pläne von anderen Häusern, Entwürfe, selbstgeschossene Fotos und solche aus allen im Handel erhältlichen Hausbauzeitschriften. Sie planen im Schnitt schon seit zweieinhalb Jahren und kommen auf keinen grünen Zweig, weil sie sich entweder auf keinen Kompromiss einigen können, oder weil sie in der Zwischenzeit einfach zu viel Information angehäuft haben, um sich entscheiden zu können. Sie sind bestens mit allen Eigenschaften aller Baumaterialien vertraut und wissen nicht, was für ihr Haus am besten passen könnte.

Viele von den Endlosen Planern fangen niemals zu bauen an, haben also keine Praxiserfahrung und werden dann Baumeister oder Architekt.

Fast bei jeder Exkursionsgruppe sind spezielle Hausbauer dabei, die wir die **Unfreiwilligen Neuanfänger** nennen. Ihre Motivation für den Hausbau ist eher am unteren Level der Skala angesiedelt und ist in der meist jüngeren weiblichen Begleitung zu finden, die für die Teilnahme an der Exkursion verantwortlich zeichnet. Sie haben alles schon min-

EXPERTENTIPP

„Wie kann ich mir mein Traumhaus vorstellen?"

Oft hört man, wenn die Bauherren das erste Mal den fertigen Rohbau sehen: „Jetzt können wir uns endlich vorstellen, wie unser Haus ausschaut!" Das ist jedoch ein großes Risiko, denn wenn Sie Pech haben, sind Sie vielleicht auch gar nicht damit zufrieden!

Im Zweifelsfall sollte schon während der Planungsphase ein Hausbauseminar mit Hausexkursion (Infos zu Seminaren und Exkursionen unter www.desperatehausbau.at) besucht werden, oder mit dem Computer ein begehbares, sehr realistisches 3D-Abbild Ihres Hauses geschaffen werden. Sie können jedoch auch selber mit Bastelkarton, Balsaholz oder Ton ein Modell bauen.

So können Sie Ihr Haus konkret vor Augen haben und sich auch die Raumaufteilung und Bewegungsabläufe konkreter vorstellen.

Sehr viele Kilometer werden jährlich mit dem „Wäschemanagement" verbracht: Die Schmutzwäsche fällt meistens im Obergeschoß an. Dann wird diese in vielen Häusern kilometerweit treppauf, treppab zur Waschmaschine in den Keller, zum Bügeln wieder ins Wohnzimmer und zum Schluss wieder ins Obergeschoß geschleppt. Wäre es nicht einfacher einen Hauswirtschaftsraum gleich im Erd- oder Obergeschoß vorzusehen? Vielleicht gibt es bei Obergeschoß-Variante auch eine sonnige Diele, wo man/frau neben den spielenden Kindern gleich bügeln kann? Und diese Kinder vielleicht die Wäsche sogar selber gleich wieder ins Zimmer bringen!

Je mehr Sie sich selber mit der Planung Ihres Traumhauses beschäftigen und sich in Ihr Haus hineinfühlen, umso zufriedener werden Sie auch damit sein!

destens einmal durchgemacht, halten sich also an den sinnigen Spruch, dass man in seinem Leben mehr als ein Haus bauen sollte. Ich habe bis jetzt aber noch keinen getroffen, der freiwillig drei Häuser baut. Die meisten lassen es bei einem, aber viele werden durch geänderte Partnerschafts- und Familienverhältnisse dazu gezwungen, wieder von vorne zu beginnen. Ihnen braucht man nicht mehr viel über die stressigen Situationen am Bau zu erzählen, die kennen das ohnehin. Wenn sie zu erzählen beginnen, dann sollte man darauf achten, dass die Hochmotivierten nicht im Raum sind, und sie in den Kleiderschrank schicken, um dort das Innenleben abzulichten.

Und dann gibt es natürlich auch diejenigen, die es bei jeder Busreise gibt: Die **Abwechslungssuchenden**, die nur mitfahren, um mal wieder an die frische Luft zu kommen und um neue Leute kennenzulernen.

Eine der interessantesten Fragen, die mir bei so einem Gruppenbesuch gestellt wurde, war: „Wer hat Ihnen eigentlich garantiert, dass das alles so hinhaut, mit der Sonneneinstrahlung, und mit dem Beschatten?" Ich antwortete: „Garantiert hat mir das keiner, aber ich habe darauf vertraut, dass unser Hausplaner seine Befähigung nicht bei einem Preisausschreiben gewonnen hat, und er weiß, was er tut, wenn er unser Haus plant."

Der Besucher war, wie unschwer zu erkennen war, einer von den Misstrauischen Zweiflern, und er legte nach: „Aber wenn das nicht funktioniert hätte, dass Ihnen im Winter die Sonne das Haus heizt, und dass die Beschattungselemente im Sommer das Glas beschatten… Was wäre dann?"

„Sie haben Recht: Um wirklich hundertprozentig sicher sein zu können, dass alles so funktioniert, wie man sich das vorstellt, empfiehlt es sich, erst einmal ein Modell im Maßstab 1:1 zu bauen, zwei Jahre bei Wind und Wetter darin Probe zu wohnen, und wenn alles ohne Probleme klappt, dann erst würde ich an Ihrer Stelle das Haus auf Ihrem Grundstück bauen!"

Der Zweifler schaute mich daraufhin lang mit zusammengekniffenen Augen an, dann ergriff er meine Hand, schüttelte sie ausgiebig und meinte: „Endlich einmal ein Tipp, mit dem man was anfangen kann! Danke!"

„KARTENSPIELEN KANN TEUER WERDEN"

Kartenspielen kann teuer werden

oder die unendliche Baugeschichte

Schon mein Vater sagte immer zu mir: „Bub, pass auf beim Kartenspiel'n, das kann teuer werden". Und wie Recht er hatte! Wir sitzen beim Kartenspielen in der Küche. Es zieht mir richtig auf's Kreuz und meine Frau sagt zu mir: „Ja, das Fenster ist hinüber".

Na gut, dann müssen wir jetzt endlich die Fenster tauschen. Ein Angebot ist schnell eingeholt, der Tauschtermin fixiert, als die Frage auftaucht: Setzen wir die Fenster bündig mit der Außenmauer oder wohin sonst, denn irgendwann wird man ja auch einen Vollwärmeschutz draufklopfen.

Na schaun wir einmal, was das kostet. Vielleicht ist das ja auch noch leistbar. Wir erhalten das Angebot und beschließen: Machen wir's, dann ist nur einmal der Dreck. Wir hatten uns schon auf einen Termin eingestellt, als uns ein Freund riet: „Wenn ihr den Vollwärmeschutz ohne Keller macht's, dann schaut das Haus aus wie ein Schwammerl." Ein Schwammerl, das wollen wir lieber nicht.

Also – auch ein Angebot für den Keller-Vollwärmeschutz. Die Fenster in unserem Keller sind noch richtige Kuhstallfenster, nicht sehr hoch und mit einem schmalen Rahmen. Wenn wir den Keller dämmen und die Fenster drinnen lassen, ist die Dämmung für die Fische. Also – auch die Kellerfenster raus.

Ein weiteres Angebot über den Tausch der Kellerfenster folgt. Dann sagt ein Nachbar: „Die neuen Kellerfenster haben einen viel breiteren Rahmen. Bei der Größe der Fenster hast du im Keller dann Sehschlitze, kannst sie aber auch als Schießscharten verwenden???!"

Wir beratschlagen und entschließen uns zur Vergrößerung der Fenster im Keller. Wir stemmen in der Kellermauer. Es soll ja alles

MAX MURX

„ÜBERLEGEN SIE SICH EIN GESAMTKONZEPT!"

„Überlegen Sie sich ein Gesamtkonzept!"

Wie Sie sehen, kann ein undichtes Fenster sehr schnell zu einer Kettenreaktion an weiteren Bau- und Sanierungsmaßnahmen und dadurch auch zu explodierenden Baukosten führen. Daher sollten Sie vor Baubeginn mit einem Fachmann oder einer Fachfrau über sinnvolle, energiesparende und komfortsteigernde Maßnahmen nachdenken.

Mittels einer Energiekennzahl-Berechnung (Gebäudepass) bzw. einer Thermografie-Aufnahme lassen sich Schwachstellen rasch aufzeigen und Sanierungsmöglichkeiten auch genau berechnen: Welche Dämmstoffstärken sind sinnvoll? Welche Fensterverglasung nehme ich? Wie viel Heizkosten können wir sparen? Wie hoch ist die Summe der Förderungen? Ein Fachmann hilft Ihnen beim Festlegen der Sanierungsmaßnahmen, achtet auf bauphysikalische Auswirkungen, holt vergleichbare Angebote ein und koordiniert den gesamten Bauablauf.

Manche Hausbauer versuchen mit allen Möglichkeiten möglichst große Fördersummen zu erhalten, um andere „teure Extras" finanzieren zu können.

Vergessen Sie nicht, dass Förderungen auch zurückbezahlt werden müssen! Vielleicht sind Sie statt mit einem „teuren Extra" doch mit weniger Schulden glücklicher?

seinen Sinn haben. Also ein Angebot über Baumeisterarbeiten. Dann brauchen wir aber auch eine neue Kellertür. Denn halbe Sachen machen wir nicht. Und natürlich wird diese Tür einbruchsicher. Denn man weiß ja nie.

Spätestens jetzt ist es an der Zeit, um Althaussanierungsförderung anzusuchen. Na – dafür brauchen wir aber auch einen Energieausweis.

Damit wir die richtige Energiezahl erreichen, ist laut Techniker auch die Sanierung des Dachbodens erforderlich. Das heißt, wir müssen das Dachgeschoß isolieren. Aber wenn wir das jetzt tun, können wir später nicht mehr so einfach ausbauen. Die Kinder werden größer, man weiß ja nie. Und schließlich ist das ja ungenützter Wohnraum.

Die Lösung war dann ganz einfach: Wir bauen ein Zimmer aus und bauen ein neues schönes großes gut isoliertes Dachfenster ein. Der Einwand meiner Frau war dann noch, dass wir auf der gegenüberliegenden Seite das gleiche Fenster einbauen. Wegen der Symmetrie wär's noch und wegen dem schönen Lichteinfall. Und weil wir jetzt schon dabei waren, haben wir auch noch gleich das alte Garagentor ausgetauscht.

Dass sich während der Fassadenarbeiten die Terrasse gesenkt hat und ebenfalls zum Sanierungsfall wurde, hat uns dann schon gar nicht mehr erschüttert. Da haben wir auch gleich den Duschplatz für unser zukünftiges Schwimmbad neu gemacht.

Zum Schluss, als alles fertig war, haben wir uns dann doch in unserer neuen Dachgeschoß-Bibliothek sehr wohl gefühlt. Endlich haben wir Platz und Licht, um die vielen Bücher zu lesen und uns so richtig zu entspannen. So schön ist das Dachzimmer geworden, dass unser Sohn samt Freundin jetzt beschlossen hat, sein Domizil dort hinauf zu verlegen …

Und wir? Haben überlegt, ob wir den allzu bekannten Spielkartenhersteller verklagen sollen. Denn das Kartenspielen ist wirklich teuer geworden.

„MAGISTRATSBEAMTER WOLF"

Leben im Rohbau – Back to Basics

oder: Ein Stück (über die) Realität

E s ist Spätherbst, es nieselt bei einer Außentemperatur von 8,3 Grad, und Magistratsbeamter Otto Wolf befindet sich auf seiner dienstlich verordneten Baustellentour durch die Baurechtsgründe-Siedlung.

Da sticht ihm ein Rohbau ins Auge, der, so kann er sich dunkel erinnern, schon länger in diesem Zustand war. Mit Sicherheit aber schon bei seiner letzten Baustellentour.

Wolf (steigt aus seinem Dienst-Golf, stützt die Hände in die Hüften, legt den Kopf in den Nacken und mustert die Front des Hauses): „Aha. Da schau her. Da geht auch nix weiter. Wie lang steht das eigentlich schon so im Rohbau? Schauen wir mal, ob wer da ist. Ein Auto steht ja da."

Magistratsbeamter Wolf nähert sich dem Haus über den Zugang zur Haustür. Zwei Euphemismen, weil man den „Zugang" nur als solchen erkennt, weil er der Abschnitt rund ums Haus ist, auf dem man den tiefsten Schlamm findet. Und weil es sich bei der „Haustür" um zwei zusammengenagelte Schalungstafeln in leuchtendem Gelb handelt, die in die Türöffnung gelehnt sind.

Wolf: Wer wohnt denn da eigentlich? Ah. Da steht ja eh der Name auf der Haustür. Gleich mehrmals, sogar! Das ist ja praktisch (ruft durch den Spalt zwischen Schalungstafeln und Türrahmen) Herr Doka? Hallo!!! Herr Doka! Sind Sie da?

Schafböck (leise, aus dem Hintergrund): Wer ist denn da?

Wolf: Mein Name ist Wolf. Otto Wolf. Ich komm vom Magistrat! Ich wollt nur schauen, ob wer da ist! Habens kurz Zeit, Herr Doka?

Schafböck (hebt das Provisorium zur Seite): Mein Name ist Schafböck. Grüß Gott.

Wolf: Guten Tag. Ach so. Dann war das nicht Ihr Name… Egal. Ich will Sie sowieso nicht lang aufhalten, Sie haben sicher noch eine ganze Menge Arbeit, wenn ich mir das so anschau…

Schafböck: Nein, nein! Sie halten uns nicht auf. Wir sind grad beim Abendessen, und dann legen wir die Kinder nieder. Kommens nur. Kommens rein, sonst regnets uns ins Vorzimmer, und dann wird der Fleckerlteppich nass. Das riecht dann erstens nicht so toll, und zweitens dauerts wieder ewig, bis der wieder trocken wird.

Wolf (schlüpft ins dunkle Innere): Danke.

Schafböck: Kommens mit ins Wohnzimmer! Wollens auch was essen?

Wolf: Naja, gegen so eine zünftige Baustellenjause hätt ich nix. Was gibt's denn? Wurstsemmeln und Dosenbier? Oder eine Dürre mit Senf?

Schafböck: Wieso Baustellenjause?! Nein, es gibt was Warmes. Dauernd nur Wurstsemmeln, das wär nicht gut für die Kindermägen.

Wolf: Na dann. (grüßt in die Runde) Guten Abend zusammen!

Mutter und Kinder Schafböck erwidern den Gruß und wenden sich dann wieder ihren Plastiktellern zu, auf denen ein undefinierbarer Brei zu erahnen ist.

Schafböck: Wartens, ich hol Ihnen noch eine Bierkiste, dann können Sie sich zu uns dazusetzen. Geh Kinder, rückts ein Stück, damit sich der Herr Wolf hinsetzen kann. Ja, Laura, dann gib die Splitbox halt auseinander, dann kann sich der Martin auch auf eine Hälfte setzen. Und dann esst ihr bitte auf und geht ins Bett.

Die beiden Kinder essen hastig auf, erheben sich grußlos und klettern hintereinander über die im Stiegenhaus angelehnte Leiter ins Obergeschoß.

Wolf (lässt sich auf die bereitgestellte Bierkiste fallen und reckt den Hals, damit er in die Teller sehen kann): Was gibt's denn da Gutes?

Schafböck: Das ist eine Eigenkreation: Gemixtes Gewärmtes.

Wolf: Gemixtes Gewärmtes?

Schafböck: Ja. Meine Frau hat die Reste, die während der Woche übrig bleiben, genommen, hat sich am Donnerstag kurz vor Ladenschluss noch die Wurstzipfel vom Supermarkt geholt und das alles in einen leeren Malerkübel gegeben.

Dann wird das Ganze mit dem Sprudler vom Fliesenleger durchgemixt und über den 500 Watt-Baustellenstrahler gehängt, bis es Blasen wirft. Köstlich! Wollens auch eine Mörtelpfanne voll? Geh Schatzi, hol dem Herrn Wolf doch bitte eine Fugenspachtel! Er kann ja nicht mit den Fingern essen!

Wolf (unterdrückt ein Würgen): Nein danke! Nur keine Umstände! Mir fällt grad ein, ich hab vorhin am Magistrat eh noch eine Dose Ölsardinen…

Schafböck: Na gut, dann nicht. Bleibt uns mehr. Morgen ist ja auch noch ein Tag, da haben wir sicher auch wieder Hunger, gell?

Wolf: Gibts Gemixtes Gewärmtes bei Ihnen öfter?

Schafböck: Eigentlich jede Woche. Ist insofern ganz praktisch, weil wenig Geschirr zum Abwaschen anfällt.

Wolf: Geschirr? Abwasch?

Schafböck: Sicher! Machen Sie das daheim nicht? Na so was! Also wir waschen täglich ab.

Magistratsbeamter Otto Wolf blickt sich im Zustand höchster Verwirrung um, kann aber weder eine Küche noch einen Geschirrspüler entdecken, und fragt deshalb:

Wolf: Und wo bitte waschen Sie ab? Ich kann weder eine Küche noch einen Geschirrspüler entdecken!

Schafböck: Den Abwasch erledigen wir im Keller. Dort steht die Mischmaschine. Deshalb haben wir ja Plastikteller, weil Porzellan so einen Waschgang nicht aushalten würde. Ist aber eine gewisse Einteilungssache, das mit dem Abwaschen, weil wir die Mischmaschine auch fürs Wäschewaschen verwenden.

Wolf: Fürs Wäschewaschen.

Schafböck: Genau. Wäsche rein, Wasser dazu, ein bisserl Schmierseife dazu. Da haben die Installateure beim Nachbarn ein paar nicht ganz leere Tuben liegengelassen.

Wolf: Und das wird dann auch sauber? Oder nur nass?

Schafböck (an der Schwelle der Empörung vorbeischrammend): Entschuldigen Sie, Herr Wolf! Schauen Sie uns an! Sitzen wir etwa in Lumpen vor Ihnen? Sind wir irgendwo schmutzig?

Wolf schaut genau hin, kann aber im flackernden Kerzenschein nicht wirklich viel erkennen. Trotzdem versichert er das Ehepaar Wolf seiner tadellosen Sauberkeit. Frau Schafböck glaubt ihm offenbar kein Wort, denn sie tut es ihren Kindern gleich, erhebt sich kommentarlos vom Schalungstafeltisch und verschwindet mit dem Plastikgeschirr im Keller. Als sie unten ankommt, ist Wolf sicher, leises Grunzen und Blöken aus den Kellerräumen zu hören.

Er versucht sodann keine peinliche Pause entstehen zu lassen, und lenkt das Gespräch wieder auf Terrain, das ihm sicherer erscheint:

Wolf: Und was kommt sonst so bei Ihnen auf den Tisch?

Schafböck: Also Flambiertes gibt's relativ oft. Oder sollte ich sagen: Geflämmtes? Ich glaube, das trifft es besser.

EXPERTENTIPP

„Das liebe Geld"

Jeder Quadratmeter Wohnfläche, den Sie planen und bauen kostet etwa € 1.500,– (ohne Grundstück), dazu kommen Kosten für den Keller oder die Fundamentplatte, Nebengebäude, Garten, Einrichtung, Gebühren etc. Daher sollten Sie schon beim ersten Entwurf eine Baukostenschätzung erstellen und eventuell das Haus wieder etwas verkleinern. Eine Checkliste dazu finden Sie im Buch „Bauen im Gleichgewicht" (zu bestellen bei www.traumhausplanung.at).

Eine gute Hausplanung spart Geld, da unnötige Quadratmeter, Gänge, komplizierte Details und Materialien vermieden werden, eine gute Planung rechnet sich von selbst! Wenn die Pläne schon etwas genauer werden, erstellt man die erste Energieberechnung, um die Förderungen und Haustechnikkosten genauer abschätzen zu können. Jetzt sollten Sie auch mit einer realistischen, kompletten und ehrlichen Kostenschätzung die Finanzierungskosten betrachten. Wichtig ist, dass nach Abzug aller Lebens-, Finanzierungs- und Erhaltungskosten eine Geldreserve (für Unvorhergesehenes, Krankheit, Arbeitslosigkeit, Reparaturen etc.) am Monatsende überbleibt! Sehr viele Häuser kosten deutlich mehr als ursprünglich geplant war!

Nur wenn Sie dann noch gut schlafen können, werden Sie sich ➤

Wolf: Lassen Sie mich raten: Sie brutzeln Würste, Fleisch und Gemüse mit dem Dachpappen-Flämmer.

Schafböck: Stimmt! Die Äpfel aus dem Nachbargarten sind so auch ganz genießbar. Machen Sie das denn auch?

Wolf: Nein. Eher nicht. Sagen Sie, schlafen die Kinder wirklich hier?

Schafböck: Ja, oben in ihren Zimmern, auf ihren Trittschalldämmungs-rollbetten. Den Estrich haben wir natürlich vorher mit feuchten Säge-spänen gekehrt. Man glaubt ja nicht, wie störend so ein klitzekleiner Stein sein kann, wenn man die ganze Nacht darauf liegt.

Wolf: Mhm. Heizung haben Sie keine oder? Ich meine, ich frag ja nur. Immerhin hat es draußen 8,3 Grad, das hat der Außentempera-turfühler meines Dienstwagens aufs Zehntel genau angezeigt. Und die Nächte sind um die Jahreszeit schon recht frisch!

Schafböck: Machen Sie sich keine Sorgen! Meine Frau und ich sind doch keine Rabeneltern! Die Kinder haben selbstverständlich Bettzeug,

im Haus auch wirklich wohlfühlen! Nur dann, werden Sie auch ausrei-chend Zeit im Traumhaus und mit Ihrer Familie verbringen können, falls Sie nicht Tag und Nacht bis zum Umfallen für die Rückzahlungs- und Erhaltungskosten arbeiten müssen.

Um Baukosten zu sparen, können Sie z.B. überlegen, den Keller weg-zulassen. Ein Keller kostet etwa das 3- bis 4-fache einer Fundamentplat-te und ist dann sinnvoll, wenn sie z.B. ein Büro oder einen Hobbyraum un-ten vorsehen und dadurch das Erd- und Obergeschoß kleiner und güns-tiger gebaut sein kann, oder wenn Sie ein Hanggrundstück besitzen. Wenn Sie statt des Kellers eine Fun-damentplatte errichten, benötigen Sie einen Raum für die Haustech-nik, dieser kann z.B. gleich mit dem Hauswirtschaftraum kombiniert werden. Stauraum für „Gerümpel" und andere Schätze können Sie z.B. auf dem Dachboden schaffen oder in einem angebauten Abstellraum.

Wenn Sie statt einer großen, teuren Doppelgarage einen über-dachten Autoabstellplatz mit Gerä-teschuppen errichten, können Sie ebenfalls Baukosten sparen. Ihr Auto ist genauso vor Schnee und Eis ge-schützt und trocknet sogar besser ab. Man sollte auch nicht vergessen, dass Autos ja eigentlich fürs „Über-leben" im Freien gebaut werden!

die frieren nicht. Ich war ganz überrascht, wie warm es unter so einer Steinwolldecke werden kann!

Wolf: Kratzt das nicht?

Schafböck: Sie haben ja wirklich keine Ahnung vom Wohnen, Herr Wolf! Wir haben die Steinwollmatten natürlich mit Plastikfolie umwickelt. Das kratzt kein bisschen! Und kalt ist es auch nicht. Ganz im Gegenteil! Die Kinder schwitzen sogar, so warm ist das!

Wolf (resignierend): Jetzt ist Herbst. Der Winter kommt. Es wird saukalt werden, hier herinnen ohne Heizung! Was machen Sie denn dann?

Schafböck (triumphierend): Sie sind guuut! Ohne Heizung! Haha! Was hätten wir denn vorigen Winter gemacht, wenn wir uns nicht zu helfen gewusst hätten? Wir heizen mit den Baustrahlern und mit Kerzen. Wir ziehen dicke Pullover an. Und wir bleiben in Bewegung. Zumindest tagsüber. Nur beim Essen und Trinken muss man halt Abstriche machen.

Wolf: Wie meinen Sie das?

Schafböck: Naja, das Brot wird schon hart, mit der Zeit. Aber das schneide ich mit der Kappsäge. Schaut toll aus, wenn man das auf Gehrung schneidet! Den Saft füllen wir in leere Wasserrohre, und dann gibt's den zentimeterweise zum Unter-der-Zunge-zergehen-Lassen oder in Stangen zum Lutschen.

Wolf: Aha. Und wenn man keinen Durst mehr hat, lehnt man den Saft einfach in die Ecke, oder wie? Was anderes: Wo duschen Sie eigentlich? Wo gehen Sie aufs Klo?

Schafböck: Ganz schön intime Fragen, Herr Wolf! Ich dusche im Hallenbad, immerhin hab ich da eine Saisonkarte, und aufs Klo gehe ich in der Firma oder hinters Haus. Meine Familie macht das genauso. Ich sag es Ihnen nur, bevor Sie fragen.

Wolf: Und wie lang leben Sie schon so? Sie haben gesagt, vorigen Winter waren Sie auch schon hier?

Schafböck (wird leicht melancholisch, blickt ins Leere): Naja, nächste Woche ist es vier Jahre her, dass wir Gleichenfeier gehabt haben. Wir hätten eigentlich gedacht, dass wir im Sommer danach mit allem fertig sind, aber da hat uns der Yen einen Strich durch die Rechnung gemacht.

Wolf: Der Yen? Ein Verwandter von Ihnen?

Schafböck: Fremdwährungskredit, Herr Wolf. Haben wir uns nicht mehr leisten können, die monatlichen Kreditraten zu zahlen, und nebenbei das Haus nach den ursprünglichen Plänen fertig zu bauen. Und so haben wir gelernt, uns zu arrangieren. Mittlerweile können wir es uns aber gar nicht mehr anders vorstellen! Den Kindern gefällt das abenteuerliche Leben hier, wir ziehen im Arbeitsgraben rund ums Haus unser eigenes Gemüse, das Obst fällt von den Nachbarsbäumen in unseren Garten, wir haben den Baustrom, wir haben Wasser … Uns fehlt es eigentlich an nichts!

Wolf: Das sehe ich. Aber wenn das so ist, Herr Schafböck, dann können wir ja eigentlich zum Geschäftlichen kommen, oder?

Schafböck: Gerne. Das wäre?

Wolf: Naja, Sie erwecken den Eindruck, ganz zufrieden zu sein, mit dem, was Sie sich hier geschaffen haben …

Schafböck: Wie gesagt: Es fehlt uns an nichts.

Wolf: Na gut. Dann erwarte ich bis Ende nächster Woche Ihre Fertigstellungsmeldung. Und bedenken Sie, dass Sie ab diesem Zeitpunkt keine baulichen Maßnahmen mehr durchführen dürfen. Fertig ist fertig.

Magistratsbeamter Otto Wolf erhebt sich etwas steif von seiner Bierkiste, lässt den verdutzt dreinblickenden Herrn Schafböck am Tisch sitzen und durchmisst mit großen Schritten das kahle Wohnzimmer – seine Schritte hallen von den unverputzten Wänden wider. Er hebt die Haustür zur Seite und verlässt das Schafböck'sche Anwesen über die Hühnerleiter (zwei Gerüstpfosten mit quer darauf genagelten Trittleisten). Als er in seinem Auto Platz nimmt, wandert sein Blick langsam die Gasse der Siedlung entlang. Er sieht einen Rohbau neben dem anderen, und aus jedem sickert das warme Licht von Baustrahlern.

Wolf kurbelt das Fenster hinunter, lauscht angestrengt in die beginnende Nacht, und meint, leises Muhen, Grunzen und Blöken aus verschiedenen Kellern zu hören. Das Rattern der Mischmaschinen und das Heulen der Kappsägen bilden dazu einen harten Kontrast. Magistratsbeamter Otto Wolf freut sich auf einen arbeitsreichen Herbst voller Fertigstellungsmeldungen.

Die finanztechnische Lautverschiebung

Was nach Prüfung aller Sparbücher, Konten, Förderungen und Kreditrahmen vom HAUSBAU-Traum übrig bleibt:

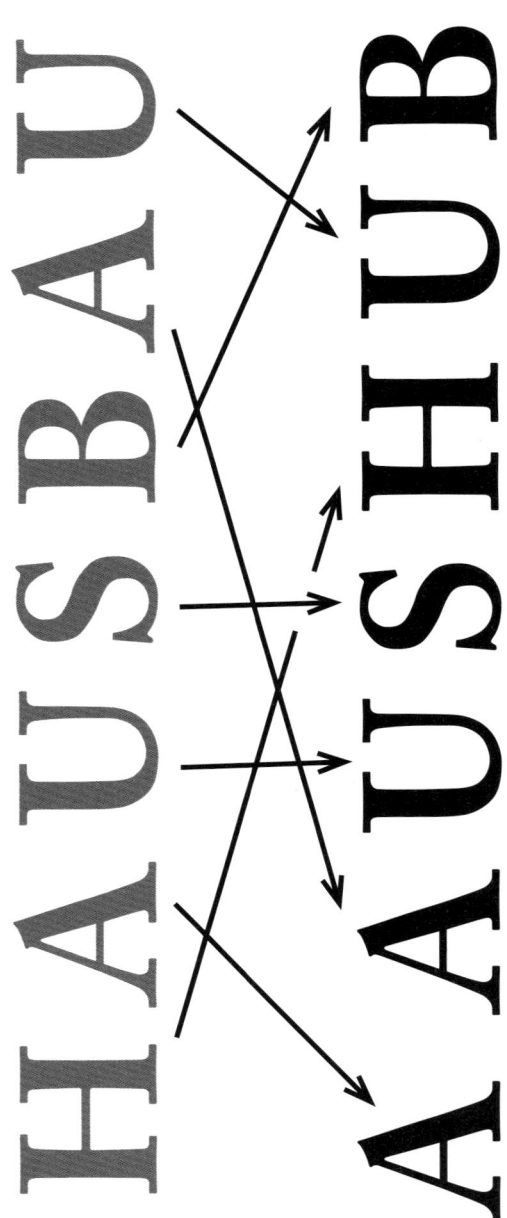

Staublaus, komm heraus

oder: Das große Krabbeln

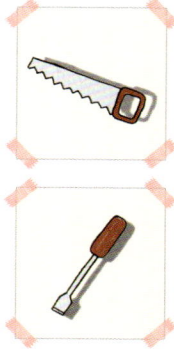

Im Keller des Hauses befindet sich ein Raum, der zur Zeit mehr oder weniger leer steht: der Lagerkeller. Jetzt gerade fürchten sich dort eine fast leere Kiste Bier, ein paar Flaschen Wein und eine aus unserer Wohnung und auch sonst schon recht mitgenommene Tiefkühlbox im Finstern um die Wette. Die zentrale Staubsaugeranlage hängt da auch noch herum, aber ansonsten herrscht in dem 16 Quadratmeter großen Raum gähnende Leere.

Das war nicht immer so. Da war schon mal richtig viel Leben drin, und zwar mehr als uns lieb war! Vor ein paar Monaten wurde der Platz tatsächlich zur Lagerung genutzt. Ja, auch für Lebensmittel (in Form von ca. zehn Marmeladegläsern), aber den Rest der Holzregale hatten wir gerecht zwischen Blumenübertöpfen, Dekorationsmaterial für alle Anlässe, Werkzeug, Souvenirs, Schrauben und allerlei sonstigem Klumpert aufgeteilt. Von dem man zwar nicht weiß wofür, aber man überzeugt ist, DASS man es irgendwann einmal brauchen wird.

Die Wände und auch die Decke dieses Lagerraums sind aus Gründen des besseren Raumklimas, und in der Absicht so etwas wie einen Erdkeller zu simulieren, mit Lehm verputzt. Der Raum hat keine Fenster, was kurz nach dem Verputzen für einigen Stress gesorgt hat, weil die Feuchtigkeit nur mit einem professionellen Kondensationstrockner zu beseitigen war, den uns eine Firma, die sich auf Hochwasserschäden, Mauerentfeuchtung und Einsätze bei Katastrophen spezialisiert hat, gegen geringes Entgelt zur Verfügung gestellt hatte.

Zur Belüftung gibt es in einer Wand, gleich unterhalb der Zimmerdecke, ein Lüftungsrohr, welches in einer Nacht im Hochsommer einem Igel zum Verhängnis geworden ist. Der ist durch diese Öffnung über die Regale in den Keller gekugelt, nicht ohne ein paar Blumenübertöpfe und Dekorationsmaterial mit sich in die Tiefe zu reißen, und hat sich dann entweder aus Scham über seine Ungeschicklichkeit, oder aus Angst vor der Staubsaugeranlage hinter der Tiefkühlbox verkrochen, wo er beschloss, sich entweder durch Zufall oder viel später durch strengen Geruch entdecken zu lassen.

EXPERTENTIPP

„Bauen für neue Klimabedingungen"

Wie Sie gelesen haben, sind Insekten sehr anpassungsfähige Tiere, die vermutlich auch noch nach jeder globalen Klimaverschiebung da sein werden (wir Menschen vielleicht einmal nicht mehr!).

Experten gehen davon aus, dass die Zahl der sommerlichen Hitzetage ansteigen wird, die Häufigkeit von regionalem Starkregen zunehmen wird, sowie häufiger Stürme auftreten werden. Diese neuen Einflüsse sollten Sie bei Ihrem Haus, dass ja doch die nächsten 100 Jahre stehen wird, bei der Planung und Errichtung beachten.

Um auch bei einer längeren Hitzeperiode ein halbwegs erträgliches Raumklima erhalten zu können, ist neben der richtigen Fensterausrichtung nach Süden (größere Westfenster vermeiden), der guten Dämmung von Dach und Außenwänden, auch die Beschattung der Glasflächen sowie die speicherfähige Masse im Hausinneren wichtig.

Das richtige Lüften in den kühlen Nacht- und Morgenstunden ist auch im Passivhaus unerlässlich.

Damit Sie bei mehrtägigem Dauerregen ein trockenes Haus behalten, sollte der Fußbodenaufbau auf jeden Fall über dem anliegenden Gelände sein. Die richtige Gartenplanung und die Gestaltung der Einfriedung kann das Wasser, das eventuell von Nachbargrundstücken kommt, rechtzeitig abhalten. Ein Dichtbetonkeller ist auch nicht viel teurer als ein vergleichbarer Keller mit Isolierung und richtig gebauter Drainagierung.

Um Stürme gut „überleben" zu können, ist neben der Gebäudehöhe auch die Art und Ausrichtung des Daches sowie die Dachdeckung und deren Befestigung wichtig. Je schwerer und massiver die oberste Geschoßdecke bzw. das Dach ist, umso länger wird es einem Sturm trotzen und umso günstiger ist auch das hochsommerliche Klima in den Schlafräumen.

Ich fand ihn zum Glück durch Zufall und tat, was Männer des Hauses in so einem Fall meistens tun: Sie rufen die Frau des Hauses, damit sie doch bitte den Igel wieder raus ins Freie bringt. Weil immerhin ist es ja ihr Lagerkeller, ihre Tiefkühlbox mit ihren Tiefkühlprodukten, und außerdem weiß man gar nicht, wie fest man so einen Igel angreifen kann, weil vielleicht bricht man ihm ja was, und das wär ja schad, weil der ja sooo lieb ist; außerdem geht's grad eh nicht, weil man nicht weiß, wo die Handschuhe sind …

Sie fand die Handschuhe relativ schnell, auch ein Kübel war schnell bei der Hand, und der Igel somit in Rekordzeit wieder an die frische Luft gesetzt. Von frischer Luft konnte im Lagerkeller nicht mehr die Rede sein, weil das gute Tier in seiner Angst entweder extrem transpiriert oder sich ins Stachelkleid gemacht hatte. Also kamen wir zu dem Schluss, dass Querlüften die einzig mögliche Vorgangsweise zur Geruchsbekämpfung wäre.

Zu dieser Zeit herrschten im freien tropische Temperaturen und auch eine ebensolche Luftfeuchtigkeit, was für den sich wieder in Freiheit befindlichen Igel zwar ganz angenehm war, als Abwechslung zum kalten Keller, aber die feuchte Hitze, die da auf die kalten, lehmverputzten Ziegel- und Betonwände prallte, tat, was feuchte Hitze immer auf kalten Oberflächen tut, wenn sie im Physikunterricht gut aufgepasst hat: Sie kondensiert.

Was sich genau dann zum Problem auswächst, wenn in dem Raum mit allerlei Klimbim vollgeschlichtete Holzregale stehen. Kondensationsfeuchtigkeit auf Holz und alten Pappendeckelschachteln bewirkt nach einiger Zeit Schimmel.

Wo Sie und ich jetzt die Nasen rümpfen und angewidert zurückweichen, feiern ganz bestimmte Viecher ein Stiftungsfest und wetzen das Besteck: die Staubläuse.

Sie, geneigter Leser, haben sie mit an Sicherheit grenzender Wahrscheinlichkeit schon einmal gesehen, und zwar dann, wenn Sie einmal in einem Buch geschmökert haben, das in einer relativ feuchten Umgebung (im Keller, oder bei Tante Mizzi am Dachboden) gelagert

worden ist. Auch manche Bibliotheken, meist die in Altbauten einge-
richteten, verleihen die Rosamunde-Pilcher- und Konsalik-Romane in
Kombination mit Staubläusen (in der Regel ohne Aufpreis): zwischen
einem halben und eineinhalb Millimeter groß, gelb, beige oder bräun-
lich (Quelle: www.schaedlingshotline.de), krabbelnd, und an Schimmel
interessiert, nicht an Literatur.

Staubläuse findet man manchmal auch in Neubauten, wo sie sich
unter Tapeten häuslich eingerichtet haben, und zwar dann, wenn die
Tapeten auf noch leicht feuchte Wände geklebt worden sind. Um ans
Tageslicht zu kommen, benutzen sie die Notausgänge wie Steckdosen,
Lichtschalter oder Rollladen-Kästen.

Im Lagerkeller haben sie sich keine Verstecke gesucht. Das wäre
auch gar nicht möglich gewesen, dafür waren es zu viele. Da wären sie
sich gegenseitig auf ihre jeweils sechs Füße gestiegen.

Ein paar lichtscheue Gesellen hatten sich unter den Marmeladegläsern verkrochen, wo sie schließlich auch von der Frau des Hauses
entdeckt wurden. Beim Aufheben eines Glases schossen die meisten
der Biester in alle Richtungen davon, ein paar ließen sich aber beim
Abweiden des Schimmelrasens nicht stören und blieben einfach auf
ihrem Chitin-Hintern sitzen, und hielten vielleicht nur kurz im Kauen
inne, um sich über die Dreistigkeit des Eindringlings zu wundern.

Erst bei näherem Hinsehen, und beim Abräumen des Regals wurde
die Dimension des Staublausbefalls deutlich, und mit der Ungläubig-
keit wuchs der Ekel.

Zuerst wussten wir noch nicht, worum es sich handelte. Zur Iden-
tifikation mussten wir also noch das eine oder andere Exemplar erwischen, was bei dem Überangebot ja keine Schwierigkeit war: Meine Frau sicherte in bester C.S.I.-Manier mit einem Stück Klebeband
gleich mehrere auf einmal.

Mit diesem Klebeband machte sie sich dann spät nachts auf die
Suche im Internet. Wenn man weiß, wonach man suchen muss, dann
sind alle Zahlen, Daten, Fakten und Fotos zu den Staubläusen schnell
gefunden. Ich warne allerdings ausdrücklich davor, sich zu sehr mit

"KRIEG GEGEN DIE STAUBLAUS"

Biologie, Brutverhalten und anderen Dingen zu beschäftigen, weil mit steigender Information die Bereitschaft abnimmt, sie zu bekämpfen!

In einem Internetforum wurde meine Frau dann fündig. Schrilles, dann gackerndes Lachen, das nur eine Lausbreit von der Hysterie entfernt war, weckte mich. Ich stürmte ins Büro, und fast schon erwartete ich, dass Petra hinter dem Kasten, unter dem Bett oder in der Wand auch Staubläuse ausgemacht hatte, aber sie saß einfach da, lachte und deutete auf den Bildschirm. Da hatten sich einige Leidensgenossen ausgetauscht, was ihre Erfahrungen mit den Biestern anging. Als wir diese Schilderungen lasen, vollführten wir einen Freudentanz, dass wir so glimpflich davongekommen zu sein schienen.

Da waren Ehen am zerbrechen, da hatten sich erwachsene Menschen in Wasch- und Putzzwänge hineingesteigert, da wurden täglich die Vorhänge abgesaugt! Ein Forenbenutzer berichtete allen Ernstes, dass es nichts bringe, die Kerle zu ersäufen, das habe er schon probiert, das sei sinnlos: Die könnten doch tatsächlich schwimmen!

Der beste Eintrag war allerdings von einem, der logisch kombiniert hatte, dass Stausläuse warmes und trockenes Umfeld nicht mochten. Folglich mussten sie heißes und staubtrockenes Umfeld noch weniger mögen. Genialer Gedankengang, eigentlich, nur die Ausführung: Der hatte tatsächlich Stunden und Tage mit einem Bunsenbrenner in der Hand vor der tapezierten Wohnzimmerwand verbracht und war den Tierchen mit der Flamme zu Leibe gerückt! „Wenn man genau hinhört, dann hört man sie platzen, har har har!!!" Da wurde mir dann schon leicht mulmig.

Der Hinweis auf trockenes und warmes Klima war allerdings viel wert: Ich rief wieder bei der Firma an, die uns schon beim Trockenlegen des Lehmputzes im Lagerkeller sehr geholfen hatte, und konnte mir noch am selben Tag einen Kondensationstrockner abholen. Der lief eine Woche lang im Dauerbetrieb, die Luftfeuchtigkeit sank genauso stetig wie die Temperatur zunahm, und wenn mich nicht alles täuscht, konnte man die letzten verbliebenen Staublaus-Gfraster einen trockenen Husten bellen hören, har har har!

Wenig später konnte sich die noch recht spärliche Nachbarschaft an einem 5 Meter hohen Freudenfeuer hinter dem Haus, welches von den Regalen aus dem Lagerkeller samt Staublauspopulation genährt wurde, erfreuen.

Ich kann mich jetzt hinstellen und behaupten, dass es das lustigste, loderndste und erwärmendste Feuer war, das ich je erlebt habe, und das kann ich sogar sagen, ohne mich schuldig zu fühlen!

Bis heute – ich habe es oben bereits erwähnt – hat der Befüllungszustand des Lagerkellers bei weitem noch nicht die Ausmaße wie vor der Invasion erreicht. Vielleicht rechnen wir insgeheim immer noch damit, dass sich in irgendeiner Ritze eine ausgehungerte Staublaus eingenistet hat, die jetzt schon seit einem halben Jahr meditierend still vor sich hin darbt, und nur darauf wartet, dass leichtsinnige Hausbewohner etwas Organisches, das auch nur im Entferntesten mit Holz zu tun hat, in ihre Nähe stellen. Dann würde sie ihre im Freien wartenden Genossen herbeipfeifen und das Drama würde von neuem beginnen…

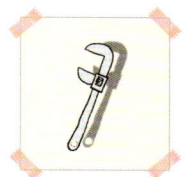

Verkaufsgespräch

Aus den Aufzeichnungen des FF (flexibler Fachmann für alle Fragen, Wünsche, Beschwerden, Terminkoordinationen, ...)

Beteiligte Personen:
FF (Flexibler Fachmann)
Herr K (Kunde)
Frau K (Gattin des Kunden)

Juni, Erster Kontakt, Kunde kommt mit Frau,
Kleinkind und Baby zur ersten Beratung.
HERR K: Wir möchten im Herbst Haus bauen.
FF: Sehr schön, wie groß wird es werden?
HERR K: Ca. 140 m²

Das Baby schreit, die Frau setzt das Kleinkind auf den Boden
und geht mit dem Baby auf und ab.
FF: Haben Sie schon einen Plan?
HERR K: Ja, wir haben uns einen ungefähren Plan selber gezeichnet.
FRAU K: Wir sind uns aber noch nicht über die Größe
der Räume einig.
FF: Wann werden Sie den fertigen Einreichplan haben?
HERR K: Wir zeichnen den Plan von unserem Haus selber.
FF: Erst wenn der Plan fertig ist, ist es sinnvoll, über alles zu sprechen.
HERR K: Eigentlich möchten wir nur eins wissen: Was kostet eine
Heizung?

Kleinkind hat einen Projektsplan vom Tisch gezogen und zerreißt ihn in Einzelstücke.

FF: Was kostet ein Auto?

HERR K: ?!?

FF: Heizung ist nicht gleich Heizung.

HERR K: Und wenn wir ein Passivhaus bauen, brauchen wir da überhaupt eine Heizung?

FF: Beim Passivhaus kommt es vor allem auf die Lebensgewohnheiten an.

HERR K: Ich hab im Internet gelesen, dass sogar Kerzen ein Passivhaus heizen.

Und zu seiner Frau:

Das wäre überhaupt DIE Idee. Für ein Passivhaus bekommen wir eine höhere Förderung und gleichzeitig sparen wir uns die Heizung.

FF: Ganz so einfach ist das nicht…

HERR K: Ja – und dann machen wir gleich eine ganze Glasfassade nach Süden.

FRAU K: Im Süden baut aber der Nachbar, da haben wir nicht so viel Sonne.

HERR K: Na dann halt im Südwesten, da haben wir auch noch genug Sonne.

FF: Und wenn Regentage oder Nebeltage sind?

HERR K: Dann müssen wir uns eben zusammenkuscheln, gell Schatzi?

FF: Bei welcher Raumtemperatur fühlen Sie sich denn wohl?

FRAU K: Bis jetzt haben wir immer so um die 24°.

HERR K: Das ist aber eh viel zu heiß.

FRAU K: Das finde ich überhaupt nicht. Nur weil du immer schwitzt. Musst halt ein Bier weniger trinken.

Kleinkind weint, die Frau gibt ihm ein Keks.

HERR K: Also gut, dann ist es jetzt fix. Wir bauen ein Passivhaus.

FF:. In dem Fall benötigen Sie eine Wohnraumlüftung.

HERR K: Wieso?

FF: Weil Sie in der kalten Jahreszeit das Haus nicht mit kalter Frisch-luft füllen sollen. Das kühlt viel zu sehr ab.

HERR K: Ah, jetzt fällt es mir wieder ein. Mit dieser Lüftung kann man ja auch heizen. Da wird dann warme Luft in das Haus eingeblasen.

FRAU K: Ist das wie bei einem Fön? Und auch so laut? Da können ja die Kinder nicht schlafen.

FF: *lächelt beruhigend:* Nein, sehr leise. Luft strömt ein und ist nur unmerklich wärmer.

FRAU K: Na hoffentlich friert uns nicht. Ich hab eh' immer so kalte Füße.

FF: Thema Warmwasser. Wie viele Personen leben im Haus?

HERR K: Zwei Erwachsene und zwei Kinder – oder vielleicht auch mehr? *Grinst seine Frau an.*

FRAU K: Auf keinen Fall.

HERR K: Aber früher wolltest du doch immer fünf Kinder.

FRAU K: Das ist vorbei. Ich hab eh alles alleine am Hals.

Das Kleinkind erbricht und weint. F ruft jemanden, um den Boden zu reinigen.

FF: *räuspert sich:* Also vier Personen.

HERR K: Und der Hund, warum wollen Sie das wissen?

FF: Wegen der benötigten Warmwassermenge.

HERR K: Ich dusch aber nicht jeden Tag.

FRAU K: Leider.

FF: Wir ermitteln die Höchstbedarfsmenge, damit Sie immer ausreichend warmes Wasser haben. Dementsprechend wird die Heizung ausgelegt.

HERR K: Und wie?

FF: Da gibt es mehrere Möglichkeiten.

HERR K: Die billigste bitte.

FRAU K: Sind wir jetzt fertig?

FF: Einige Fragen hätte ich noch, bevor ich das Angebot machen kann.

HERR K: Passivhaus, 140 m², vier Personen, Baubeginn Herbst.

FF: Und die sanitäre Installation?

HERR K: Meinen Sie die Wasserleitung? Das machen wir uns selber.

HERR K: Das Bad und WC aber nicht, das kaufen wir übers Internet, das müssen Sie nur montieren.

FF: Bedaure, das geht leider nicht. Wir montieren kein Fremdmaterial.

HERR K: Und warum nicht?

FF: Wegen der Gewährleistung.

HERR K: Na dann eben nicht, bis wann können wir mit dem Angebot rechnen?

FF: Es dauert ca. zwei Wochen.

FRAU K: Was, so lange?

FF: Sie bauen erst in drei Monaten.

HERR K: Ja aber wir müssen noch so viele Angebote einholen.

FF: Ich ruf sie an, wenn ich fertig bin.

Zwei Monate später, Kunde hat das Angebot längst erhalten
und noch fünfzehn Mitbewerberangebote.

FF: Ich wollte Sie schon kontaktieren, hab Sie aber nicht erreicht.

HERR K: Unsere Telefonnummer hat sich geändert, es gab da einen günstigeren Tarif

FF: Haben Sie noch Fragen zu unserem Angebot?

HERR K: Ich bin heute hier, um einen Nachlass zu verhandeln. Was ist ihr letzter Preis?

FF: Haben Sie schon einen Einreichplan, dann kann ich genauer kalkulieren.

HERR K: Nein, den bekomme ich erst in zwei Wochen.

FF: Haben Sie Ihren Baubeginn verschoben?

HERR K: Nein, wo denken Sie hin? Reden wir übers Finanzielle.

FF: Was haben Sie sich denn vorgestellt?

HERR K: Sie sind der Teuerste, es fehlen 50 % Nachlass gegenüber dem Bestbieter

FF: Ähh?? Bedaure …

HERR K: Also, streichen Sie was weg oder nehmen Sie ein anderes Produkt oder was auch immer. Das müssen Sie wissen.

FF: *Sieht sich das Angebot nochmals an und lächelt:* Ich kann schon 50% günstiger sein, allerdings müssten wir das Lüftungsgerät weglassen.

HERR K: ??!

FF: *ernsthaft:* Herr K, das geht leider nicht. Ich kann Ihnen natürlich etwas entgegenkommen und wir finden auch Einsparungspotentiale, aber 50% sind unmöglich.

HERR K: Also nicht, dann bekommt jemand anderer den Auftrag.

Zwei Monate später, November.

HERR K: *ruft an:* Können wir uns nochmals unterhalten?

FF: Selbstverständlich.

HERR K: Wie wär's mit 25% Nachlass

FF: Ich dachte, Sie hätten den Auftrag vergeben?

HERR K: Hatte ich auch, aber die Firma ging in Konkurs, der Zweitbilligste hatte keine Zeit und der Dritte arbeitet anscheinend so schlampig.

FF: Ich kann Ihnen mit Einsparung und Nachlass 10% entgegenkommen.

HERR K: Na gut, dann machen Sie das.

FF: Wann sollen wir denn anfangen.

HERR K: Morgen.

Zwei Monate später, der Rohbau steht, sanitäre Installation wird doch über den Fachmann gemacht, weil Kunde sich auf der Baustelle den Fuß gebrochen hat.

FF: Haben Sie schon einen Badplan?

HERR K: Nein, wir haben uns noch nicht entschieden.

FF: Wo werden Sie die Badewanne stehen haben, auf welche Seite wird der Waschtisch montiert?

HERR K: Das wissen wir noch nicht.

FF: Wie sollen wir die Wasser- und Abflussrohre verlegen, wenn die Positionen nicht fix sind?

HERR K: Machen Sie einfach eine Standardinstallation, das ändern wir später, wenn der Badplan steht.

FF: ?!? Alle Positionen von Kalt- und Warmwasserhähnen und von den Abflusseinmündungen sind bereits auf ein bestimmtes Maß vorgerichtet. Bei jeder Änderung müssen Sie die Wand wieder aufstemmen.

HERR K: Was schlagen Sie vor?

FF: Wir treffen uns baldmöglichst für eine genaue Badplanung, die Ihren Wünschen entspricht.

HERR K: Morgen?

FF: *seufzt:* Also gut, ich verschiebe einige andere Termine.

Am nächsten Morgen in einem Sanitärschauraum.

FF: Bevor wir beginnen. Mit welchem Budget dürfen wir beim Planen rechnen?

HERR K: Wir haben uns die Kosten mit ca. 3.000 Euro vorgestellt.

FF: Oh, na in diesem Fall dürfen wir nicht allzu sehr in die Tiefe gehen.

HERR K: Aber da sind die Fliesen auch schon dabei.

FF: *schluckt:* Ähhm, gut, dann holen wir jetzt das Flugblatt mit den Sonderaktionen.

HERR K: *sieht sich den Folder an:* Diese Badewanne gefällt mir sehr gut, gibt es die auch in einer anderen Farbe?

FF: Bedaure, nur in Weiß. Aber Herr K, Weiß ist sowieso seit vielen Jahren die Trendfarbe.

HERR K: Meine Frau möchte aber ein blassviolettes Bad. Sie hat das beim letzten Italienurlaub gesehen.

FF: Ich kenne derzeit keinen Hersteller, der Keramik in Blasslila erzeugt.

HERR K: *ruft seine Frau an:* Schatzi, es gibt kein lila Bad. – … – Ja. – … – Nein. – … – Also – … – Na gut.

HERR K: *legt auf und meint:* Meine Frau möchte heute noch ins Internet schauen. Vielleicht findet sie was. Falls nicht, können wir uns morgen wieder hier treffen? Ich ruf Sie aber noch an.

Am nächsten Tag.

HERR K: Wir haben die lila Badsachen gefunden. Sie kommen direkt aus China. In sechs Wochen müssten sie hier sein. Sie können also schon mit der Badinstallation beginnen.
FF: Damit wir alles ordentlich vorrichten können. Haben Sie die Einbaumaße der Gegenstände?
HERR K: Einbaumaße? Davon habe ich nichts gelesen. Es ist nämlich ein bisschen schwierig, wir müssen das alles auf Englisch abwickeln. Aber wir haben uns das Bad so ein bisschen aufgezeichnet. Diesen Plan bringt meine Frau heute noch vorbei.

„WIR HABEN DIE LILA BADSACHEN GEFUNDEN. SIE KOMMEN DIREKT AUS CHINA."

Frau K bringt die Unterlagen zu FF: Hier ist unser Badplan und alles, was ich im Internet zu den Abmessungen gefunden habe.
FF: Sehr schön, das hilft uns sicher weiter. Aber – warten Sie, diese Unterlagen sind auf Chinesisch.
FRAU K *im Hinausgehen*: Was soll ich machen? Ich bin kein Dolmetscher.

Fax von HERRN K: Die Lieferung aus China hat sich als Flop erwiesen. Der Waschtisch hatte einen Haarriss, das WC einen Glasurfehler und in der Badewanne war ein richtiges Loch. Leider haben wir das Ganze bereits im Voraus bezahlt. Brauche jetzt schnellstens eine weiße Badewanne und so weiter zu einem Sonderpreis.

FF: erhält ein E–Mail vom Planer X mit der Bitte, den Bauherrn von nun an nicht mehr mit Fragen zu belästigen, ab sofort wäre er der einzige Ansprechpartner für jedwede Angelegenheit.

Auf Nachfrage von FF bei Kunden erhält er die Auskunft: Wir haben uns jetzt einen Planer gesucht, der uns einiges abnimmt. Ich habe nämlich einen neuen Job und weniger Zeit. Ab sofort kümmert er sich um die Baustelle.

FF: Ist der Herr von der Gegend, wir haben noch nie von ihm gehört.
HERR K: Nein, wir sind seine ersten Planungskunden, er war vorher Verkäufer von Mobiltelefonen.
FF: ? Sind Sie sicher, dass Sie ihm den gesamten Bauablauf anvertrauen können?
HERR K: Er macht einen wirklich professionellen Eindruck und hat bei seinem eigenen Hausbau eine Menge Erfahrungen gesammelt.

Nach einiger Zeit, K schaut bei FF vorbei.
HERR K: Wir haben eine Bauverzögerung.
FF: Warum?

HERR K: Die Luftdichtheitsmessung hat einen katastrophalen Wert ergeben. Wir müssen die undichten Stellen sanieren.

FF: Wann können wir unsere Installationsarbeiten fortsetzen?

HERR K: In ca. drei Monaten

FF: Geben Sie mir bitte rechtzeitig Bescheid

HERR K: Und übrigens: Ab sofort bin ich wieder für Fragen zuständig. Wir haben uns vom Planer getrennt.

Zwei Wochen später.

Anruf HERR K: Sie können morgen weitermachen?

FF: Leider sind die Arbeiten nicht eingeplant. Frühestens in zwei Wochen.

HERR K: *ungehalten:* Jetzt halten Sie mich nicht auch noch auf!

FF: Sie hatten etwas von drei Monaten gesagt.

HERR K: Wir lassen das mit dem Passivhaus, keine Dichtheitsmessungen mehr, wir wollen einfach nur einziehen.

FF: Dann brauchen Sie aber eine Heizung.

HERR K: Wir machen Elektroheizkörper, die haben wir schon beim Elektriker bestellt.

FF: Wenn das Haus nicht dicht ist, brauchen Sie auch keine Wohnraumlüftung.

HERR K: Dann sind Ihre Arbeiten ja fast fertig.

FF: In diesem Fall werden wir in Kürze die Schlussrechnung legen.

HERR K: Tun Sie das, aber zahlen kann ich erst in sechs Monaten. Geht das mit dem Skonto trotzdem in Ordnung?

FF: Haben Sie einen finanziellen Engpass?

HERR K: Ja, meine Frau hat die Scheidung eingereicht und wird in Kürze mit den Kindern in den Neubau einziehen.

Nach 8 Wochen meldet sich HERR K wieder: Können wir einen Termin ausmachen? Meine neue Lebensgefährtin und ich werden demnächst ein Haus bauen.

„FAST EIN WEIHNACHTSMÄRCHEN"

(T)ERROR 5

oder: Fast ein Weihnachtsmärchen

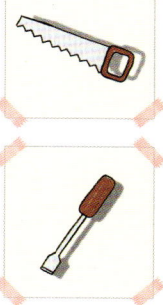

D ie folgende Szene hat sich ziemlich genau so zugetragen wie geschildert. Als Übung für angehende Hausbauer empfiehlt es sich, die enthaltene Spiel-Szene mit verteilten Rollen nachzustellen, um ein Gefühl für Verzweiflung zu erhalten. Sollte die zukünftige Haus-Frau nicht – wie in unserem Falle – schwanger sein, kann man den Zustand mit Kissen unterm Pulli leicht imitieren. Das erhöht die Authentizität des Erlebten.

Handelnde Personen:

Haus-Frau (im 6. Monat schwanger und in dementsprechender körperlicher, emotionaler und hormoneller Verfassung)

Haus-Mann (bemüht, Mutter und ungeborenes Kind zu schonen, dem Hand-Werker nicht allzu sehr auf die Füße zu steigen, in der Hoffnung, dass der auch später im eventuellen Schadensfall vorbeikommt)

Hand-Werker (eher von der schüchternen Sorte; vermutlich hungrig und durstig)

Vorgeschichte:

Es ist der 21. Dezember, 17 Uhr, draußen ist es mittlerweile stockfinster. Haus-Mann und Hand-Werker haben den halben Nachmittag im Technikraum, der sich im Keller befindet, verbracht. Die neue Wasser-Wärmepumpe ist nun endlich angeschlossen, das heißt, sie erhält das Grundwasser vom Brunnen draußen und hängt auch am Heizungsverteiler im Haus. Grundsätzlich sollte also alles funktionieren. Grundsätzlich. Auch so ein Wort, das man, sobald man mit dem Ausheben der Baugrube begonnen hat, gleich einmal aus dem Wortschatz streichen sollte. Und zwar grundsätzlich.

Sofort nach erster Inbetriebnahme des technischen Wunderdinges blinkt nämlich in zermürbender Beharrlichkeit ein Wort am LCD-Display, das man schon am Heimcomputer ganz und gar nicht mag: ERROR. ERROR. ERROR. Und weil der pfiffige Wärmepumpen-Hersteller offenbar fix damit gerechnet hat, dass es mehr als nur einen solchen ERROR geben würde, hat er sie auch gleich nummeriert. Mein ERROR hat die Nummer 5. Also blinkt da „ERROR-5" fröhlich vor sich hin und denkt gar nicht daran, damit aufzuhören. Zum Glück hat der vorausblickende Wärmepumpen-Hersteller zu seinem genialen Gerät auch noch ein Handbuch dazugepackt. Also einfach bei der Auflistung der möglichen Unglücksfälle nachschlagen …

Haus-Mann und Hand-Werker werden auch tatsächlich fündig: „Error 5", so steht es leicht verständlich zu lesen, bedeutet, dass die Wärmepumpe auf dem Trockenen sitzt. Klar, dass die sich da beschwert! Welche Pumpe, die kein Wasser bekommt, würde das nicht tun?

Voller Verständnis für die streikende Pumpe begannen wir, nach möglichen Ursachen zu forschen. An der Quelle konnte es ja nicht liegen. Immerhin hat man ja einen schier endlos sprudelnden Entnahmebrunnen im Garten, aus dem eine kleine Grundwasserpumpe das Wasser in stabile, dickwandige Plastikwasserrohre pumpt. Von dort sollte das kostbare Nass förmlich ins Haus schießen. Genau gesagt, in den Keller, wo die Wärmepumpe nur mehr darauf wartet, das zu tun, wofür sie ihr Schöpfer konstruiert und uns um teures Geld in den Keller gestellt hat: pumpen! Also kann's das grundsätzlich nicht geben, dass die Pumpe zu wenig Wasser kriegt. Grundsätzlich? Siehe oben!

Haus-Mann ist schon länger mit seinem Latein, nicht aber mit seinem Fluchen am Ende, und schön langsam findet es auch der Hand-Werker seltsam. Er, der eigentlich eh schon alles erlebt hat, und für den es nix gibt, was es nicht gibt, zumindest, was nicht lösbar wäre.

Wir kommen zu dem Schluss, dass im Keller nichts mehr auszurichten sei, und der Fehler woanders zu suchen und hoffentlich auch zu finden sein müsse.

Weitere Möglichkeiten zum Verzweifeln gibt es mehrere:
- Der Brunnen könnte plötzlich ausgetrocknet sein.
- Die Grundwasserpumpe im Brunnen könnte kaputt oder von der Stromversorgung, die durch unterirdische Leerverrohrungen gewährleistet ist, abgeschnitten sein.
- Die Grundwasserpumpe könnte auch zu klein dimensioniert sein. Das würde heißen, dass sich das arme Ding da unten im Brunnen abrackert, aber das Wasser nicht wegbekommt.
- Es könnte ein Stein oder sonstiger Dreck das Wasserrohr verstopfen; klar, dass auch diese Rohre unter Frostniveau vergraben sind, oder:
- Es könnte die Wasserzufuhr zur Wärmepumpe im Keller unterbrochen worden sein, weil irgendwas oder irgendwer ebendieses Wasserrohr beschädigt hat. Das hieße, dass die Grundwasserpumpe im Brunnen zwar einwandfrei funktioniert und auch eifrig Wasser pumpt, das Wasser aber niemals seinen Bestimmungsort erreicht, weil das Rohr schlicht und ergreifend ein Riesenloch hat. Von dem „ERROR-5"-Blinken wird das Rohr zwar auch nicht mehr dicht, aber sag das mal so einem schwer beschäftigten LCD-Display!

Wir – Haus-Mann und Hand-Werker – erreichen das Erdgeschoß, in dem sich die in doppeltem Sinne in bester Hoffnung befindliche Haus-Frau auf einer Heurigenbank niedergelassen hat und auf das Ergebnis der männlichen Beratung wartet.

Haus-Frau *(hoffnungsvoll aufblickend)*: Und?

Haus-Mann *(zuckt mit den Schultern)*: Keine Ahnung. Das Trumm da unten … blinkt nur deppert. ERROR-5. Kriegt kein Wasser. Oder zu wenig. Was weiß ich.

Haus-Frau: Was heißt das? Was heißt das jetzt für uns?

Haus-Mann: Das heißt, dass wir nicht heizen können, weil die Wärmepumpe kein Wasser kriegt, dem sie die Wärme rauszuzeln könnt. Weil irgendwie kein Wasser reinkommt …

Haus-Frau: Aber wieso?

Haus-Mann: Frag mich nicht. Ich hab keine Ahnung.

Haus-Frau *(mit dem Kinn in Richtung Hand-Werker deutend, der ein paar Schritte abseits steht und mit größtem Interesse seine Schuhspitzen inspiziert)*: Was sagt er dazu?

Haus-Mann: Der sagt schon lang nix mehr, außer: Das gibt's ja net.

Haus-Frau *(leicht verzweifelt)*: Und was tun wir jetzt? Ich mein: Was tut IHR jetzt? So kanns ja nicht bleiben.

Haus-Mann: Stimmt. Naja. Wir gehen halt jetzt einmal suchen, ob wir den Grund finden, warum da kein Wasser reinkommt.

Haus-Frau *(stärker verzweifelt)*: Aha. Und wo schauts ihr da?

Haus-Mann: Draußen, in den Brunnen, vielleicht sieht man ja irgendwas.

Haus-Frau *(sinkt in sich zusammen)*: Mhm.

Hand-Werker *(wendet sich der Szene zu, trippelt ein paar Schritte näher)*: Äääähm … Aber auch wenn wir jetzt was finden sollten, da im Brunnen, oder bei der Grundwasserpumpe: Richten kann ich heute sowieso nix mehr *(schaut möglichst unauffällig auf seine Armbanduhr)*, weil … ich kein Werkzeug mithab. Damit hab ich ja nicht gerechnet, dass das solche Probleme macht. Also schauen können wir ja einmal …, aber …

Haus-Frau *(springt auf; schreit)*: WAS??? Sie kommen da her ohne Werkzeug? Was glauben Sie eigentlich? Wie stellen Sie sich das vor? Da herinnen gehört geheizt! Da hat's nur mehr zehn Grad, wenn überhaupt! Draußen liegt der Schnee, und herinnen ist es saukalt! Uns fallen schon die Fliesen im Bad von der Wand, weil der Kleber bei der Kälte nicht hart wird! Wie gibt's das, dass diese Sch---pumpe nicht geht? Und wenn Sie kein Werkzeug mithaben, dann fahren Sie verdammt noch mal und holen sich eins! Ich lass Sie hier nicht weg!

Haus-Mann *(übergeht diese Unlogik und versucht zu beruhigen)*: Schatzi, bitte …, schau …

Haus-Frau *(schüttelt seine Hand von ihrer Schulter)*: Nix Schatzi! Der soll was hackeln! Wofür zahlen wir eigentlich? In ein Handbuch rein-

schauen, den Kopf schütteln und nicht wissen, was ich tun soll, das kann ich allein auch! Da brauch ich keinen Profi dazu!

Hand-Werker *(eingeschnappt)*: Also so …, also das … *(wendet sich ab und geht zur Terrassentür)*

Haus-Frau: HE!!! Wo wollen Sie hin???

Haus-Mann *(leise)*: Der geht nachschauen, wo der Fehler liegt. Bitte, Schatzi, reg' dich nicht auf. Wirst sehn, das wird schon.

Haus-Frau *(lässt sich auf die Heurigenbank fallen, beginnt zu schluchzen)*: Das gibt's ja alles nicht. In drei Tagen ist Weihnachten. Da wollten wir zum ersten Mal im Haus übernachten. Das kannst vergessen, wenn's da so saukalt ist, herinnen. Und wenn das heute nicht gerichtet wird, dann brauchst bis Mitte Jänner überhaupt nicht mehr rechnen damit, dass da noch wer kommt. Da sind dann Weihnachtsferien, dann ist Neujahr … Der Holzboden gehört herunten auch noch reingelegt. Die Fliesen müssen wir kleben. Den Schieferboden … Wie soll sich das alles ausgehen?

Haus-Mann *(ein gutes Stück mutloser)*: Hm. Weiß nicht. Aber schau: Hauptsache, wir sind gesund, oder? *(wendet sich auch schnell ab und folgt dem Hand-Werker in den finsteren, tief verschneiten Garten)*

Der Hand-Werker hat in der Zwischenzeit den Metalldeckel des Brunnens geöffnet und leuchtet mit einer kleinen Taschenlampe in die Tiefe. Von dort dringt ein Geräusch empor, das niemand hören möchte, der in einen solchen Brunnen lauscht: Wasserplätschern. Dem Profi entfährt ein „Oijegerl", dem Haus-Mann wird's klamm ums Herz und flau in der Magengegend. Dann sieht er es auch: Wasser fließt seitlich in den Brunnen. Zwischen den Brunnenringen sickert es durch und rinnt wieder dahin zurück, wo es hergekommen ist, sehr zur Freude der emsigen Grundwasserpumpe, die auf diese Weise bis zum Sankt-Nimmerleinstag was zu tun hätte. Um besser sehen zu können, steigt der Haus-Mann ein paar Schritte seitlich und steht plötzlich bis zu den Knöcheln im Wasser …!

Eine Erklärung für diese kleine Überschwemmung im Brunnen war schnell gefunden, nur bis ich die richtigen Vokabel zusammengesucht hatte, um die ganze Geschichte auch meiner Frau auf ruhige Weise erklären zu können, dauerte es ein bisschen. Hier die authorisierte Version: Die kleine Grundwasserpumpe arbeitet wie vorgesehen. Sie pumpt das Wasser

EXPERTENTIPP

„Wie man heute heizt"

Ein energiesparendes, sonniges Haus benötigt nur mehr einen relativ kleinen Restwärmebedarf. Die Verteilung der Wärme kann entweder über die Rohrleitungen der Wohnraumlüftungsanlage erfolgen, wie das im „richtigen" Passivhaus üblich ist, oder über Niedertemperatur-Fußboden- und Wandflächenheizungen. Diese Flächenheizungen geben eine behagliche Strahlungswärme ab und lassen sich sehr gut mit einer größeren Solaranlage betreiben. Diese Solaranlage erzeugt je nach Größe bis zu 70 % des Warmwasserbedarfes und bis zu 40 % des Heizenergiebedarfes und wird meist gut gefördert!

Wenn mehrere Tage keine Sonne scheint, benötigen Sie eine weitere Wärmequelle. Falls Sie vorhaben, im offenen Wohn- oder Essbereich eine Feuerstelle (mit direkter Frischluftzuführung!) zu installieren, können Sie auch gleich von hier (mit Stückholz oder Pellets) das ganze Haus heizen. Wenn dieser Ofen vom Vorraum aus beheizt wird und das Holz- bzw. Pelletslager in der Nähe ist, haben Sie eine komfortable, umweltfreundliche und preiswerte Heizung. Bei bestehenden Häusern muss beim Kamin begutachtet werden, ob er für die neue Heizung geeignet ist! Weitere Möglichkeiten sind z. B. vollautomatische Pelletsheizungen oder Wärmepumpen. Wärmepumpen benötigen jedoch für den Betrieb Strom, der zu einem immer größeren Anteil aus kalorischen- und Atomkraftwerken kommt! Hier ist eine Photovoltaikanlage (Strom wird aus Sonnenlicht erzeugt) oder ein Ökostrom-Anbieter eine gute Überlegung. In jedem Fall gilt: Wenn Sie sich für ein Unternehmen entschieden haben, lassen Sie sich unbedingt Referenzhäuser zeigen, in denen die Haustechnik schon seit einigen Jahren zufrieden stellend funktioniert. Schließlich wollen Sie ja doch kein Haustechnik-Versuchskaninchen sein.

aus dem Brunnen raus. Aber kurz nach dem Brunnen, gleich da, wo die Gartenmauer anfängt, scheint das unterirdische Wasserrohr ein Loch zu haben. Ein gar nicht so kleines, um es genau zu sagen. Jedenfalls groß genug, dass das Wasser beim unterirdischen Loch mit ziemlichem Druck in Richtung Oberfläche schießt und das betroffene Gartengrundstück in eine Moorfläche verwandelt. Dass in dem Moment nicht auch beim Brunnen „ERROR" blinkt, liegt einzig und allein daran, dass der über kein LCD-Display verfügt. So weit, so schlecht: Anscheinend hat es bei der Errichtung der Gartenmauer oder bei sonstigen Arbeiten mit Rüttelplatte oder Minibagger ein kleines Missgeschick gegeben, das dazu geführt hat, dass die Lebensader unserer Wärmepumpe leckgeschlagen ist.

Als mir klar wird, dass die Gartenmauer auf dem löchrigen Rohr steht, gehe ich in Gedanken schon mal meinen Bekanntenkreis durch. Ob sich da nicht der eine oder andere mit terroristischen Neigungen findet, der über das nötige Wissen zum Thema Sprengstoff verfügt? Oder der zumindest die Menge an Explosivstoffen auftreiben kann, die ausreicht, um die verdammte Betonmauer ins Nirwana zu befördern? Dass dabei das Loch im Rohr eher an Größe gewinnen würde, ist dem Haus-Mann in diesem Moment wirklich so was von egal. Ich hüte mich aber, diesen explosiven Plan meiner Angetrauten zu unterbreiten. In ihrer augenblicklichen Gemütslage würde sie wohl sofort einwilligen, nicht nur die Mauer, sondern auch gleich das ganze Haus oder, wenn es sein muss, die ganze Ortschaft in Schutt und Asche zu legen.

Konstruktive Lösungen müssen also her. Der verzweifelte Haus-Mann wendet sich händeringend (wohl auch, weil er im Matsch schon ziemlich eingesunken und am Straucheln ist) an den Hand-Werker. Der hat inzwischen sein Diensthandy aus der Schenkeltasche der Arbeitshose gezogen und diskutiert eifrig. Nach einigen „Mhm"s und „Ahso na dann"s lässt das Handy langsam in die Tasche zurück gleiten und spricht die erlösenden Worte: „Ich hab grad mit unserem Techniker telefoniert. Hab ihm gesagt, dass das Rohr ein Loch hat, dass die Wärmepumpe kein Wasser kriegt, und dass das ganze Werkl steht. Er hat nur gemeint: „Gut, dass wir die Leerverrohrung für die ganze An-

gelegenheit in doppelter Ausführung haben, weil so können wir, wenn wir Glück haben, die Pumpe an ein anderes Rohr anschließen, das eventuell nicht beschädigt ist, und dann geht das problemlos…"

Vielleicht ist es der Ausnahmesituation und der dunklen Winternacht zuzuschreiben, aber in diesem Moment war ich mir sicher, dass dem Hand-Werker plötzlich ein weißer Rauschebart wuchs, und sich sein Firmenkleinbus in der Einfahrt in einen prächtigen, von 120 Rentieren gezogenenen Schlitten verwandelte. Das ist natürlich eine Nachricht, die man einer entnervten Frau gerne überbringt: Lösungen! Keine Probleme, sondern endlich Lösungen!

…„Und wann? Wann will er das machen?", ist die nicht unskeptische Antwort meiner Holden auf die mit Enthusiasmus und überschlagender Stimme überbrachte Kunde.

„Morgen komm ich, dann mach ich das", lautet die vom Garten schallende Antwort meines Weihnachtsmannes. Der Rest wird von Startgeräuschen des Kleinbusses (oder ist es Rentierschnauben??) verschluckt…

Und so trug es sich zu, dass es am 22. Dezember tatsächlich warm wurde im Haus. Der Fliesenkleber härtete zusehends, und auch die erste improvisierte Nacht auf Luftmatratzen und in Schlafsäcken konnte im nun schon recht behaglichen Eigenheim verbracht werden.

Unter den Kindern in unserem Viertel erzählt man sich, dass jemand aus der Siedlung in dieser Weihnacht unterm Christbaum eine schmutzige Rohrzange gefunden hätte. „Die wird wohl der Weihnachtsmann verloren haben!", meinte ich mit wissendem Lächeln und niemand, außer meiner allerliebsten Frau, verstand mich.

„WIE REAGIERE ICH AUF EINEN ERROR"

Kalt-Warm

oder: Mancher mag es heißer

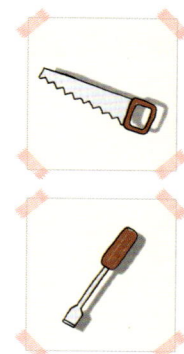

Dass Frauen und Männer ein unterschiedliches Empfinden für Kälte und Wärme haben, ist eine Tatsache, die täglich aufs Neue überprüfbar ist: Beobachten Sie beispielsweise Mann und Frau nach dem Duschen: Er neigt eher dazu, seinen Luxuskörper von der Umgebungsluft trocknen zu lassen – eventuell beschleunigt er diesen Vorgang noch durch frische Luft, die durchs geöffnete Fenster munter ins Badezimmer hereinweht. Sie hüllt sich noch in der Duschkabine in ein zirkuszeltgroßes Frotteehandtuch, um nur ja die in tiefere Hautschichten aufgenommene Wärme nicht gleich wieder zu verlieren.

Vermutlich ist die Empfindlichkeit bei unseren Frauen auf jene Zeit zurückzuführen, in der sie sich den Großteil des Tages in der gemütlichen Höhle aufgehalten haben, immer in der Nähe des wärmenden Feuers, und zusätzlich ein paar Mammut- und Säbelzahntigerdecken zum Überwerfen in Griffweite, weil man weiß ja nie …

Die Männer hingegen waren damals dazu bestimmt, das ganze Jahr über bei Wind und Wetter, steinzeitlichen Regengüssen und Sturmböen auf Nahrungssuche zu gehen. Bei diesem Unterfangen ist ein bibbernder, über die unmenschliche Kälte jammernder Neandertaler eher hinderlich und wenig erfolgreich beim Erlegen seiner Beute.

Ich bin mir fast sicher, dass sich so ein Steinzeitmensch, wenn er mit durchweichtem Lendenschurz und vollgepackt mit frischem Fleisch die gemeinsame Höhle betreten hat, nach einem Fenster gesehnt hat, das er aufreißen und die aufgeheizte, abgestandene Luft nach draußen befördern kann, und dass er, nach end- und fruchtlosen Diskussionen über die Wärme in der Höhle letztendlich bei seinem gezähmten Wolf im Freien genächtigt hat.

Das Zusammenleben von Frau und Mann war also schon damals nicht einfach und auf Kompromisse angewiesen, wenn es um die Raumwärme und die Behaglichkeit gegangen ist, und da hat sich bis heute nichts geändert.

Wenn man ganz streng und radikal an die Sache herangeht, dann sollte es eigene Passivhäuser für Frauen und solche für Männer geben. In den einen findet man vier verschiedene Heizsysteme, in den anderen ein paar Teelichter, die er an neuralgischen Punkten im Haus aufstellen kann, sollte die Temperatur draußen zwei Wochen lang wirklich nicht über −20 Grad hinauskommen. Oder er lädt sich im tiefsten Winter ein paar Freunde zur geselligen Pokerrunde ein, weil jeder seiner Spielgefährten nicht nur Bier und Chips, sondern auch um die 100 Watt Heizleistung mitbringt.

Aber wenn man sich sicher ist, dass man mit seiner Frau in einem Haus zusammenleben möchte, dann wäre es sinnvoll, zumindest gewisse Räume den Geschlechtern zuzuteilen: Dann trennt man in männliche (also kalte und kühle) Räume und Bereiche, wie Speisekammer, Klo, Abstellraum, Werkstatt und Garage, die allesamt im Norden des Hauses angesiedelt sind. Im Süden hingegen findet man das weibliche Hoheitsgebiet mit höheren Temperaturen: Küche, Bügelzimmer, Hauswirtschaftsraum und Nähstube.

Das Wohnzimmer bietet sich als Bereich an, wo sich Mann und Frau, ähnlich dem Finalspiel in der Fußball-Championsleague, auf neutralem Boden treffen können. In diesem Fall eben auf klimatisch neutralem.

(Ich weise der Vollständigkeit und Sicherheit halber darauf hin, dass sich bei Frauen, die sich auf die 50 zu bewegen, das Wärmeempfinden entscheidend ändern kann! Spätestens bei Einsetzen des Klimakteriums ist damit zu rechnen, dass wallende Frauen in nördlichen Gefilden des Hauses anzutreffen sein werden!)

Auch bei uns daheim ist eine unterschiedliche Auffassung von „warm genug" und „zu kalt" beinahe täglicher Grund zur Diskussion. Ich bin im nördlichen Waldviertel aufgewachsen, wo die Einheimischen es erst

„KALT - WARM"

bei -30 Grad für nötig erachten, das Klofenster zu schließen. Da habe ich erst sehr spät entdeckt, dass man das Fenster meines Zimmers auch ganz schließen kann. Ich habe also auch im tiefsten Winter bei offenem Fenster geschlafen und hatte nie abgefrorene Ohren oder eine Lungenentzündung. Meine Frau hingegen hüllt sich selbst in tropischen Nächten, in denen die Außentemperatur nicht unter 25 Grad fällt, in dicke Decken, damit sie in ihrem Flanellpyjama nicht auskühlt. Und wenn ich meine kleine Tochter, die in dem Moment, da ich diese Zeilen schreibe, zwei Jahre und 4 Monate alt ist, in ihr Bett bringe, und sie flüstert mir bei 28 Grad Raumtemperatur kurz vor dem Einschlafen zu: „Papa, bitte zudecken…", dann weiß ich, in welche Richtung sich das bei ihr noch entwickeln wird.

EXPERTENTIPP

„Sinnvolle Haustechnik oder Heizungsmuseum?"

Viele Häuser haben einen Gasanschluss, weil dieser ja so schön von den Energieversorgungsunternehmen beworben wird (umweltfreundlich und günstig ist er jedoch nicht!). Oft findet sich dann noch ein großer Kachelofen mit Sitzbank, weil der ja so schön und krisensicher ist. Dann kommt vielleicht noch eine kleine Wärmepumpe dazu, denn Gas ist ja schon ziemlich teuer. Und weil es gute Förderungen gibt, ist eine Solaranlage auch noch dabei. Den alten Holzkessel, den man günstig bekommt, hängt man für alle Fälle auch noch ans Heizsystem. So kommt man/frau schnell auf 4–5 Heizsysteme mit 4–5-fachen Anschaffungskosten und schwieriger Steuerung – ein Heizungsmuseum!

Sinnvoller wäre es, die eigenen Wünsche (Feuer im Wohnzimmer? Gedanken an die Energiezukunft? Treibhauseffekt und Klimawandel?) genauer zu hinterfragen und auf die persönlichen Anforderungen abzustimmen. Davor sollten Sie jedoch noch einmal mit dem Energieausweis bzw. Gebäudepass Einsparpotentiale prüfen: Südorientierung der Wohnräume und Fenster, Dämmung der Außenhülle, Verglasung, Wohnraumlüftung etc.

Eine zukunftssichere Wärmeabgabe mit genügend Leitungsreserven und hoher Behaglichkeit stellt die Niedertemperatur-Wandflächen- oder Fußbodenheizung dar. Hier gilt: Je mehr Laufmeter Rohr verlegt wird, umso geringer kann die Vorlauftemperatur (bei gleicher Behaglichkeit) sein und umso geringer sind die Heizkosten. Hier können Sie bei einer geringen Energiekennzahl bis zu 40 % des Heizwärmebedarfes durch eine Solaranlage abdecken. Solaranlagen haben eine Lebensdauer von mehr als 25 Jahren, werden sehr gut gefördert und rechnen sich in einem 4-Personenhaushalt bei einer neuen Dachdeckung mit Indachkollektoren innerhalb von etwa acht Jahren. Ein neuer Swimmingpool oder Flachbildschirm rechnet sich im Vergleich dazu nie! Den Restwärmebedarf können Sie z.B. durch einen kleinen Stückholzofen oder einen automatischen Pelletsofen abdecken, hier gibt es eine Vielzahl an Möglichkeiten und Kombinationen. Wenn Ihnen im hohen Alter das Holzheizen einmal lästig sein sollte, können Sie an die Fußboden/Wandflächenheizung natürlich auch jedes andere komfortable Heizsystem anschließen.

Eines ist aber schon klar: Das Schlafen bei offenem Fenster sollte man sich in einem Passivhaus (zumindest im Winter) abgewöhnen, da sonst die Idee, die hinter einem Passivhaus steckt, ad absurdum geführt würde. Man braucht – und davon habe sogar ich Frischluftfanatiker mich überzeugen lassen – keine Angst zu haben, zu ersticken, weil ja die kontrollierte Wohnraumlüftung für ständige Frischluftzufuhr im Haus sorgt. Dass sie das tut, und dass im Schlafraum keine dicke Luft herrscht, lässt sich leicht überprüfen, wenn man mitten in der Nacht kurz das Zimmer verlässt (vielleicht um einen Schluck zu trinken). Beim Wiederbetreten des Schlafraumes wird man nicht das Gefühl haben, dass hier zwei erwachsene Menschen schon seit Stunden die Knoblauchsauce der Schwiegermutter hinausschwitzen.

Wenn aber wirklich einmal viel frische Luft erwünscht ist, dann kann man für ein paar Minuten Stoßlüften (was ja von vielen Energieberatern empfohlen wird) und dann das Fenster wieder schließen. Das geht aber nur, wenn man Fenster hat, die man aufmachen kann! Ein unnötiger Hinweis finden Sie?

Nun, wir haben schon einmal ein Passivhaus besichtigt, wo es der Bauherr sehr streng genommen hat: Da hat es nur Fixverglasungen gegeben, was preislich selbstverständlich sensationell günstig ist, aber wenn der Bewohner oder der Gast ins Freie wollte, dann konnte er nicht einfach durch eine Terrassentür hinaus, sondern musste quer durchs Wohnzimmer, bei der Garderobe vorbei, durch den Windfang und dann hinaus in den Garten. Das wäre mir dann doch ein bisschen zu umständlich. Außerdem denke ich an strahlend sonnige, eiskalte Wintertage, an denen die Sonne tief steht und den ganzen Tag das Haus ausleuchtet. In so einem Fall heizt sich das Innere unseres Hauses durch die großen Glasflächen im Süden untertags schon mal auf 27 Grad und mehr auf, was zwar meine Frau glücklich macht, ich aber bin dann schon sehr froh, dass wir die Möglichkeit haben, die Fenster kippen zu können – bei abgedrehter Heizung, versteht sich. Wir haben da schon einige Male verständnislose Blicke und Kopfschütteln diverser Spaziergänger geerntet, die, bis zur Nasenwurzel eingehüllt an

unserem Haus vorbeigegangen sind und sich über die Bewohner gewundert haben, die da in Unterhemd und kurzen Hosen bei gekippten
Fenstern auf der Couch sitzen.

Ich frage mich, was der Kollege mit dem Ultra-Passivhaus an solchen Tagen macht! Der hat sich unter anderem ja damit gebrüstet, dass
er sein Haus im Notfall mit zwölf Teelichtern heizen kann. Seitdem
gehe ich davon aus, dass die Menschen, die säckeweise Teelichter nach
Hause schleppen, Bewohner von solchen Passivhäusern sind, die Heiz-
material für den nächsten Winter einlagern.

Was macht also der gute Mann mit den fixverglasten Fensteröffnungen an strahlend sonnigen Wintertagen, wenn sich die Raumtemperatur den 30 Grad nähert? Lädt der dann viele Frauen ein? Die werden
es ihm danken, einmal in einem Haus zu sitzen, wo es endlich einmal
halbwegs warm ist.

Wir bewohnen auch ein Passivhaus, allerdings eines, wo der Stiegen-
abgang in den Keller nicht außerhalb des Wohnbereichs liegt, wo man
Fenster und Türen öffnen kann, und das noch dazu über eine Heizung
verfügt, was bedeutet, dass man im Bedarfsfall ein paar Grad nachlegen
kann (und mittlerweile finde ich warme Bodenfliesen im Klo oder im
Bad auch ganz angenehm).

Die Wärme verteilen wir auf Fußboden- und Wandflächenheizung
und kommt von einer Wasser-Wasser-Wärmepumpe, die dem Grundwasser ein paar Grad Wärme entzieht und damit unsere Heizung be-
schickt und auch das Wasser für den Hausgebrauch erwärmt. Energie-
kosten von 250 Euro im Jahr (für Heizung und Warmwasser) sprechen
eine deutliche Sprache. Die Heizung reicht vollkommen aus, wir haben
es das ganze Jahr über schön warm – obwohl meine Frau meint, es
könnte ab und zu wärmer sein – und bereuen es nicht, nicht auch noch
einen Gasanschluss gemacht zu haben, um ganz auf Nummer Sicher zu
gehen, wie wir es auch schon gesehen haben.

Verwandte und Bekannte haben zwar schon in der Planungs- und
während der Bauphase auf uns eingeredet, wir sollten doch auch noch
einen kleinen Schwedenofen oder so ein schnuckeliges Pelletsöfchen

oder einen offenen Kamin einplanen, weil ja das flackernde Feuer so wunderschön und auch noch beruhigend und noch dazu warm sei… mag sein, dass da noch das eine oder andere Steinzeitmenschen-Gen auf die Befriedigung der Sehnsucht nach flackernder Höhlenfeuer-romantik gedrängt hat.

Dieses Ansinnen konnten wir aber leicht ablehnen, weil bei unserem Haus gar kein Kamin zu finden ist, an dem wir einen Schweden- oder Pelletsofen anschließen könnten. Rauchfangkehrer machen mit uns also kein Geschäft.

Um aber die Fetischisten der flackernden Feuer zufriedenstellen zu können, habe ich keine Sekunde gezögert, mir eine DVD zuzulegen, bei der ich zwischen fünf verschiedenen Kaminfeuerimpressionen auswählen kann. Wahlweise mit klassischer Musik unterlegt, aber immer mit Knistern, Prasseln und Knacken. Gibt zwar keine Hitze, macht aber auch keinen Dreck und ich spare mir das Holzhacken.

Einmal hatten wir einen Heizungstechniker angefordert, zwecks Service der Wärmepumpe. Er hat uns nach getaner Arbeit verraten, dass er sich, als er in die Einfahrt gefahren ist, gewundert hat, wozu wir ihn überhaupt so dringend brauchen, wenn wir ja eh über ein so gewaltiges Kaminfeuer im Wohnzimmer verfügen. Wir haben ihm dann auch noch die vier anderen auf der DVD vorgeführt (sogar mit klassischer Musik), und ich glaube, seitdem nimmt er uns nicht mehr ganz für voll.

Die übertriebene Rücksichtnahme auf das kälteempfindliche Weibchen treibt mitunter recht seltsame Blüten. Ich habe die Geschichte von einem Mann gehört, der sich ein Fertigteil-Niedrigenergiehaus errichten hat lassen, und als das Haus gestanden ist, mit Dämmung und allem, hat er das gesamte Haus von innen noch einmal vollständig gedämmt. Außerdem wollte er nicht glauben, dass ein Öltank mit 500 Liter Fassungsvermögen ausreicht, und seitdem steht im Heizungskeller auch noch ein zweiter, der bis oben hin angefüllt ist. Damit nicht genug, findet man auch noch Sonnenkollektoren auf dem

Dach und einen Schwedenofen im Wohnzimmer. Der gute Mann hat einmal mit stolzgeschwellter Brust verlautbart: „Wenn ich da drin ein Holzscheit verheiz, dann renn ich nach zehn Minuten nackert raus aus meinem Tempel!"

Soviel ich weiß, ist er nicht verheiratet. Vielleicht begibt er sich mit dem überheizten Eigenheim ja auf Brautschau? Ein Inserat in einem Kontaktmagazin wäre hilfreich: „Mann, 45, ledig, sucht Partnerin, die es gern warm hat. Es wartet ein doppelt gedämmtes Niedrigenergiehaus mit drei Heizsystemen. Interessierte bitte melden unter Kennwort: Schwitzhütte"

„KENNWORT: SCHWITZHÜTTE"

Bodenspaltereien

oder: Von der Kunst, einen Boden zu legen

D a stand ich nun in der Grünzeugabteilung vom Baumarkt und überlegte: Sollte ich die Tulpenzwiebel in der Großpackung mitnehmen, immerhin zählen Tulpen zu den Lieblingsblumen meiner Frau, oder reicht für den Anfang auch der 5-Kilo-Sack Kressesamen? Denn eines war mir klar: Die Spalten in unserem Holzboden konnten so nicht bleiben. Vor allem eins nicht: ungenutzt! Ich entschied mich für den Kressesamen und nahm auch gleich einen handlichen Akku-Rasentrimmer mit, um die zu erwartende üppige Ernte auch einfahren zu können.

Die größeren Spalten im Wohnzimmer hatte ich schon Tage zuvor mit rot-weiß-rotem Absperrband gekennzeichnet, damit weder meine Tochter noch uneingeweihter Besuch in den Untiefen verschwinden. Anlass für diese Sicherungsmaßnahme war, dass unsere Katze über Nacht unauffindbar war.

Beim Mittagessen hörten wir tags darauf ein leises Miauen, das direkt aus dem Fußboden zu kommen schien. Als wir sie beim Namen riefen, reagierte sie wie immer, sie begann zu schnurren. Und als ich die Vibrationen des Schnurrens an meinen Fußsohlen spürte, hatten wir Gewissheit: Missy, unsere brave aber unachtsame Katze, war in eine der Fußbodenspalten gefallen und hatte durch die dunkle Endlosigkeit da unten nicht mehr herausgefunden. Offenbar hatte sie sich mit ihrem Schicksal abgefunden, sich mit den Gegebenheiten arrangiert und es sich zwischen zwei Verwerfungen in der Trittschalldämmung bequem gemacht.

Wir schütten ihr das Trockenfutter mittlerweile entlang der Wand nach unten, da kann sie es sich holen, wenn sie Hunger hat.

Weil sie jetzt aber nicht mehr ins Freie kann, um ihr Geschäft zu verrichten, müssen wir wohl oder übel auch Katzenstreu in die Ritzen leeren. Eine Lösung auf Dauer ist das natürlich nicht. Nächste Woche hole ich den Rottweiler meines Onkels, damit der mal nach dem Rechten sieht und Missy wieder ans Tageslicht scheucht.

Meine Frau sagt, der Weg ins Bad erinnert sie an ihre Kindheit. Da war sie in ihrer Gasse ungeschlagene Meisterin im Tempelhüpfen. Anfangs hat mich das Gehopse noch gestört, aber jetzt tragen wir schon familieninterne Wettbewerbe aus.

EXPERTENTIPP

„Wohnraumlüftung und Heizen im Passivhaus"

Neu errichtete Wohnhäuser sind – wenn sie bauphysikalisch richtig ausführt werden – winddicht gebaut. Das bedeutet jedoch auch, dass sich die Raumluft immer mehr mit Feuchtigkeit und Schadstoffen anreichert. Die Luftqualität entspricht in Schlafräumen nach Mitternacht daher nicht mehr den gesundheitlichen Rahmenbedingungen. Jetzt kann man/frau im Winter bei minus 10° entweder bei gekipptem Fenster schlafen oder aber auch eine Wohnraumlüftungsanlage einbauen. Diese Anlage bringt durch einen Wärmetauscher (mit einem hohem Wirkungsgrad von ca. 90%) auch im Winter 18,5° warme Luft ohne Nacherwärmung in die Räume und saugt automatisch die verbrauchte Luft ab. Weiters besteht auch die Möglichkeit für Allergiker, Pollenfilter einzubauen. Der Fein-staub- und Insektenanteil im Haus wird deutlich reduziert und die Heizkosten werden um ca. 20–25% verringert. Die Kosten der Wohnraumlüftungsanlage werden meistens durch höhere Förderungen ausgeglichen. Sie sollten darauf achten, dass Sie einen erfahrenen Installateur oder Lüftungsbauer beauftragen (Referenzen zeigen lassen!) und vertraglich sicherstellen, dass die Leitungen reinigbar sind. Bei einer gut geplanten und gut gebauten Anlage haben Sie keine Beeinträchtigungen durch Luftzug oder störende Geräusche.

Trotz Lüftungsanlage müssen Sie jedoch auch im Hochsommer über Nacht bzw. am frühen Morgen die Fenster öffnen, um das Haus abkühlen zu lassen!

In einem vom Fachmann richtig geplanten und korrekt berechneten Passivhaus, kann die Lüf- ➤

Im Wohnzimmer ist meine Frau nicht zu besiegen, aber wenn wir das Über-die-Spalten-Springen in die Diele im ersten Stock verlegen, dann hat sie gegen mich keine Chance, weil ich aus dem Stand einfach um mehr als einen halben Meter weiter komme als sie. Aufgrund der Verletzungsgefahr hüpfen wir aber nur mehr im Erdgeschoß.

Unser Leben beschränkt sich ohnehin nur mehr auf Wohnzimmer und Diele, weil wir in die anderen Zimmer, in denen auch der massive Eschenboden liegt, nicht mehr hineinkommen. Der Boden in den Kinderzimmern und in unserem Schlafzimmer ist eingegangen und hat sich an den Enden derartig aufgestellt, dass wir die Türen nicht mehr aufbekommen. Vielleicht sollte ich mir dieses Prinzip als weltweit erste biologische Einbruchsicherung patentieren lassen!

In die Räume mit Steinboden (Küche, Eingangsbereich, Bäder und WCs) kommen wir zum Glück problemlos, allerdings ist der

tungsanlage auch die Restwärme in Form von erwärmter Luft verteilen. Dadurch haben Sie jedoch auch in allen Aufenthaltsräumen annähernd dieselbe Raumtemperatur. Überlegen sollten Sie auch, ob gewisse Systemreserven vorgesehen werden (Familienzuwachs, höhere Raumtemperatur, mehr Warmwasserbedarf etc.), da sonst klein dimensionierte Anlagen schnell an die Leistungsgrenzen kommen. Reserven kann z.B. ein kleiner (raumluftunabhängiger) Holz-, Bioalkohol- oder Pelletsofen bieten.

Es gibt auch die Möglichkeit, dass die Wohnraumlüftungsanlage ohne Luftnachheizung „nur" zum Lüften da ist und der geringe Restwärmebedarf über kleine Fußboden- oder Wandheizungsflächen eingebracht wird. Hier können Sie in den Räumen relativ einfach unterschiedliche Temperaturen erzeugen.

Damit die Luftfeuchtigkeit nicht zu sehr absinkt, sind speicherfähige Bauteile (z.B. verputzte Wände mit Naturfarben, Lehmputz, Ziegelwände statt Gipskartonwände, geölte Holzböden etc.) sowie Grünpflanzen und Zimmerbrunnen sinnvoll.

Generell ist natürlich auf eine sehr sorgfältige Bauausführung (Wärmebrücken vermeiden, luftdichte Bauweise, erfahrene Firmen) zu achten!

Schlaf in der Badewanne nicht halb so erholsam, wie ich es mir anfangs vorgestellt hatte. Das Wasser wird einerseits relativ schnell kalt, und meine Frau beschwert sich immer, dass sie halb im Trockenen liegt, wenn ich frühmorgens die Wanne verlasse, um in die Arbeit zu fahren.

Mit dem Produzenten des Bodens hatte ich schon ein längeres Gespräch. Er hat einer Besichtigung der Spalten und Schwundrisse zugestimmt, nachdem ich ihm ein paar Fotos geschickt hatte.

Er sagte, er wolle vorher aber noch einen Crash-Kurs bei einem erfahrenen Alpinisten absolvieren, um sich in die Untiefen abseilen zu können.

Schuld trägt er an dem Schaden natürlich keine, hat er mir versichert. Das Holz für die Dielen sei perfekt getrocknet gewesen, in der Verarbeitung sei kein Fehler passiert und überhaupt, er mache so einen Boden ja nicht zum ersten Mal.

Mag ja sein, aber wie kommt es, dass so ein Schaden zum ersten Mal ausgerechnet bei uns auftritt? Kaum zu glauben, aber man kann dort, wo der Boden nicht gerissen ist, mit dem Skateboard Halfpipe-Fahren üben, weil er solche Dellen und Schüsseln hat! Der Bub vom Nachbarn läutet jeden Nachmittag Sturm, weil er gleich neben unserem Esstisch die perfekte Stelle ausgemacht hat, an der er die neuesten Tricks ausprobieren kann, und das geht in einer Holz-Halfpipe besser als in einer aus Beton, wie sie am Spielplatz zu finden ist, sagt er.

Der Meister aller Bodenleger, den wir auf einer Fachmesse für Wohnen und Möbel kennenlernten, und der die Antworten auf alle Fragen und die Lösungen aller Probleme kennt, kam gar nicht nach mit dem Hände-über-dem-Kopf-Zusammenschlagen, als wir ihm die Sache mit unserem Fußboden schilderten. Für jedes Detail hatte er ein entsetztes „Jössas!" und ein Klatschen seiner schwieligen Hände auf Lager. Offenbar hatten wir alle Fehler begangen, die man nur begehen kann, wenn man in einem Passivhaus einen Boden verlegt: Wir haben einen massiven (klatsch!) Eschenboden

(klatsch!) schwimmend (klatsch!) auf zusätzlicher Trittschalldämmung (klatsch!) verlegt, und das in einem Passivhaus mit kontrollierter Wohnraumlüftung (Jössas!), wo die Luftfeuchtigkeit gern einmal unter 40 % sinkt. Geknickt standen wir vor dem Meister, denn er hatte uns die Augen geöffnet. Allerdings zu spät, weil die Arbeit ja schon getan und das Malheur bereits passiert war. Also entschieden wir uns dafür, des Bodenlegermeisters Geklatsche als wohlwollenden Applaus zu verstehen und verließen ihn mit der Absicht, keinem von seinen Weisheiten zu erzählen.

Wenn meine Frau und ich abends am Rand unseres Wohnzimmer-Grand-Canyons sitzen und Steinchen in die Tiefe werfen, dann machen wir uns Gedanken, was wir mit diesem Holzboden einmal machen sollen: ein großes Feuer zur Sonnenwende? Oder sollen wir Geld damit verdienen, indem wir ihn als Schützengrabensystem zu Übungszwecken ans Bundesheer vermieten?

Wir sind uns noch nicht einig, und deshalb bauen wir in den Ritzen erst einmal Gemüse und Gewürze an und vertrauen auf den Rat des Herstellers, dass unsere Probleme im kommenden Sommer ganz von allein verschwinden werden:

Durch die schwüle Hitze würden sich die Fugen schließen, das Holz würde aufquellen, der Boden dadurch wachsen und die Unebenheiten von ganz allein ausbügeln. Unsere Sorgen hätten damit ein Ende.

Fast. Denn wenn der nächste Winter kommt, dann muss die Heizung abgedreht bleiben, weil es sonst zu warm und zu trocken im Haus werden würde. Dann könnten wir dem Sohn vom Nachbarn gleich Bescheid sagen, dass er sein Skateboard wieder auspacken und zu uns trainieren kommen kann.

Sollte das tatsächlich die langfristige Lösung sein, dann mache ich es wie unsere Katze und gehe in den Untergrund.

Da unten gibt's wenigstens genug warme Dämmung, in die ich mich kuscheln kann, und Katzenfutter gegen den ärgsten Hunger ist bestimmt auch in rauen Mengen vorhanden.

„TANZ ÜBER DIE BODENSPALTEN"

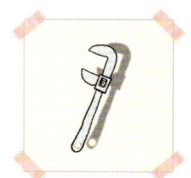

Raue Sitten beim Glattstrich*

Nimm nichts so leicht, wie es scheint

B is morgen soll er fertig sein, der Glattstrich. Gerade eben habe ich die Order telefonisch erhalten. Morgen wird das WC-Trag- gerüst eingebaut und damit es durch die Ziegel nicht herein- zieht, brauchen wir diesen Glattstrich – eigentlich nichts anderes als ein senkrechter Grobputz der Mauer.

Du hast heut' eh' Zeit, sagt meine Frau. Und dabei wollte ich mir gerade die Aufzeichnung vom letzten Uefa Cup anschauen.

Ist gleich geschehen, sagt der Installateur. Für Detailfragen, die ein Nicht-Fachmann wie ich dringend benötigt, verweist er mich an den Baumeister. Ganz einfach, sagt der Baumeister, ein Sackerl Grobputz und ein bisschen Wasser, umrühren, aufbringen.

Auf meine genaueren Nachfragen und nach längeren ausschweifen- den Erklärungen gesteht er mir, dass er selber noch nie einen Glatt- strich gemacht hat und es auch nur vom Hörensagen weiß.

Also hol ich Putz vom Baumarkt und ein Maurerwerkzeug dazu. Ich höre auf mein Bauchgefühl und kaufe gleich zwei Kellen und ein paar Säcke mehr vom Putzmaterial.

Zu Haus im winterkalten Rohbau beginne ich mit klammen Fin- gern das Abrühren des Mischverhältnisses nach Anweisung vom Bau- markt. Ich begutachte die Konsistenz des entstandenen Breies und mir drängt sich der Verdacht auf, dass ich es maximal mit dem Strohhalm auftragen kann. Es muss nachdosiert werden, das steht fest.

Nach gefühlvollem Unterheben des Putzpulvers muss ein größeres Ge- fäß her, denn es fehlt jetzt noch etwas Wasser. Meine Stimmung bei 5° im Freien mit dem undichten Bauwasseranschluss war auf dem Nullpunkt.

Nach einigen weiteren Versuchen habe ich das richtige Mischver- hältnis geschaffen, sogar drei Kübel davon. Es sieht jetzt auftragbar aus.

* Glattstrich = Glatte Verspachtelung des Mauerwerks

Nun muss ich meine Auftragfrequenz in den zweiten Gang schalten, das Zeug beginnt schon anzutrocknen.

Als ich gerade loslegen will, kommt mir in den Sinn, dass ich mir noch keine Gedanken über die Auftragetechnik auf der senkrechten Wand gemacht hatte. Eine Erinnerung aus meinen zahlreichen Baustel-

EXPERTENTIPP

„Keine Angst vor der Luftdichtheits-Messung!"

Heutige Häuser sind aus bauphysikalischen- und energiesparenden Gründen dicht gebaut. Kalter Wind dringt nicht mehr unkontrolliert ins Haus ein, Dämmstoffe werden bei sorgfältiger Ausführung (u.a. richtig verklebte Dampfbremse) nicht mehr feucht und schimmelig.

Grundsätzlich ist die winddichte Ebene außen und die luftdichte Ebene an der Innenseite der Wände vorgesehen. Bei Ziegelbauten übernimmt der Innenputz diese Funktion, bei Holzriegelbauten die verklebte Dampfbremse oder Holzwerkstoffplatte. Aufpassen müssen Sie auf alle Leitungen, die diese luftdichte Ebene durchdringen: z.B. muss man/frau die Elektroleitungen dicht einsetzen bzw. luftdichte Verteilerdosen verwenden. Die Fensterstöcke werden mit Klebebändern zur Mauer hin (Glattstrich!) abgedichtet, die Dampfbremse im Dachgeschoß wird dicht an die Außenwände verklebt und läuft über den Zwischenwänden durch usw. Natürlich springen auch die Hochlochziegel nicht über die Kellerdecke hinaus (damit dadurch die Zimmer etwas größer werden), hier würde sonst nämlich kalte Außenluft durch die Hohlkammern ins Hausinnere gezogen und könnte z.B. bei Steckdosen herausblasen. Das kann bei Sturm durchaus so stark sein, dass Kerzen am Tisch zu flackern beginnen! Dadurch ist es nicht nur unangenehm kühl, sondern reduziert auch deutlich die Luftfeuchtigkeit, da kalte Außenluft trocken ist. Bauschäden sind oft die Folge.

Bevor die Außendämmung und die Verkleidung der Dachschräge montiert werden wird eine Luftdichtheitsmessung („Blower Door Test") gemacht, um eventuelle Schwachstellen, durch die z.B. die Dämmung feucht wird, noch sanieren zu können.

Wenn dieser Wert, der auch im Energieausweis berücksichtigt wird, passt, können Sie mit ruhigem Gewissen weiterbauen.

lenbesuchen drängt sich durch meine angefrorenen Gehirnwindungen: Die Maurer ließen den Zement immer locker flockig gegen die Wand fliegen. Nach vier bis fünf Trockenübungen für das richtige Abrollen und schwungvolle Ausgleiten der Kelle wage ich mich in den Echtbetrieb.

Mit lockerem Handgelenk nehme ich mit der haarneuen Kelle eine Portion Brei auf, achte auf die richtige Beinhaltung und katapultiere die erste Portion in Richtung Wand. An der Flugbahn der Ladung merke ich sofort, dass an der Zielerfassung noch gearbeitet werden muss. Auch der schmerzhafte Stich im Handgelenk erfordert eine Verbesserung der Wurftechnik. Die Aufräumarbeiten entfallen, da die breiige Masse durch die Luke, die einmal das WC-Fenster werden soll, nach draußen entschwunden ist. Dort rinnt sie am vorderen Kotflügel des Baustellenfahrzeugs hinab – an meinem BMW! Mit Tränen in den Augen entferne ich diesen Schandfleck sofort von meiner heiligen Kuh und stelle zur Erleichterung fest: keine bleibenden Schäden.

Mittlerweile ist die Masse hart, und zwar so hart, dass ich sie mitsamt den Kübeln entsorgen muss. Wie gut, dass ich klugerweise mehr Putzmaterial besorgt habe. Leider herrscht jetzt ein massiver Kübelengpass, was einen Baumarktzweitbesuch erfordert. Das süffisante Grinsen des Verkäufers von vorhin ignoriere ich, während ich das 10-Kübel-Angebotspaket bezahle.

Diesmal schaffe ich das richtige Mischverhältnis mit zwei Kübeln. Nach Einbringen der Erfahrungswerte und Verbesserung meiner Wurftechnik landet endlich ein Batzen punktgenau an der anvisierten Stelle. Euphorisch bücke ich mich für das Neubeladen der Kelle, als ich hinter mir ein schmatzendes Geräusch höre. Mit einem beklemmenden Gefühl drehe ich mich um und sehe meinen Premieretreffer provokant wie einen Kuhfladen auf dem Boden liegen.

Da mir der Baumeister am Telefon erklärt, dass es an zu wenig Feuchtigkeit liege, mische ich gefühlvolles H_2O dazu und beginne wieder zu werfen. Diesmal stürzt die Masse nicht herunter, sie fließt die Wand hinab. Einige Fäkalausdrücke hallen durch den Rohbau und das Lebenslicht der Kelle erlischt mit einem unsanften Aufprall in der Ecke.

Das Handy läutet. Es ist meine Frau. Sie will wissen, ob ich heute noch ... Ich schreie etwas ins Telefon und sehne mich nach einer

großen Dosis Valium. Da sich der Baumeister als Anleitungsfehlschlag entpuppt hat, konsultiere ich nun einen wirklichen Fachmann – meinen Arbeitskollegen. Die Schwachstelle (diesmal nicht ich) wurde rasch aufgedeckt, die Wand musste befeuchtet werden.

Auf die unglaublichen Erlebnisse, die sich in einem Zweiquadratmeterraum mit einem undichten Einzollschlauch ergeben, möchte ich jetzt nicht näher eingehen.

Um den weiteren Verlust von Mörtel, Kübeln und Kellen zu vermeiden, mache ich mich ohne Rücksicht auf Lungenentzündung oder erfrierungsbedingten Amputationen an die Arbeit. Als nach zehn Versuchen fünf Quadratzentimeter Putz an der Wand verbleiben, zerbricht die zweite und letzte Kelle. Das Teufelsding erhält noch ein paar Tritte von meinen Arbeitsschuhen und ist nun endgültig hinüber.

Mittlerweile koche ich zwischen den eisigen Mauern und schleudere einen Batzen des verhassten Breis mit voller Wucht gegen die Wand.

Pause

Ein Bier wär schön.

Rauchen tu ich auch nicht mehr.

Das Telefon läutet. Der Baumeister fragt, wie es mir geht. Er befindet sich eindeutig auf der Straße der Unbeliebtheit und hat grade wieder eine Ausfahrt verpasst.

Einige Zeit später wage ich, gut abgekühlt, fast zu Eis erstarrt, einen neuen Versuch. Mein Blick fällt auf mein aggressives Wurfgeschoß von vorhin und siehe da, es haftet noch immer an der Wand. Sofort forme ich einen neuen Klumpen, werfe, PICKT. Nach und nach nimmt der Glattstrich nun doch Form an. Als ich meine Arbeit nach acht Stunden beende, kommt so etwas wie Stolz in mir auf.

Nachsatz:

Meinen Gedanken, mich um eine Patentierung des von mir erfundenen Aufbringsystems bei Glattstrichen zu bemühen, verwarf ich, als sich zwei Tage später meine Hände wie bei einer Schlange häuteten.

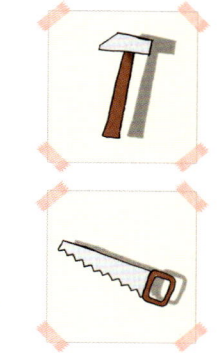

Ich lauf im PANIC ROOM*
voll Panik rum!

Ein verzweifelter bis panischer Mail-Verkehr

* PANIC ROOM: In diesem Raum sollen sich Hausbewohner flüchten, wenn ihnen der Weg nach draußen aus irgendeinem Grund verwehrt ist. Der Raum ist mit allen technischen Finessen ausgestattet und hält auch tagelanger Belagerung und Einbruchversuchen stand. Der berühmteste PANIC ROOM ist wohl der, in den sich Schauspielerin Jodie Foster im Film PANIC ROOM (Regisseur David Fincher) für 2 Filmstunden flüchtet.

----- Original Message -----

From: Leopold Fuchs -

To: Benny Bauer

Sent: Thursday, July 12

Subject: Haus technik

Sehr geehrtes HISPANIC TEAM

Ich schreibe ihnen dieses mail aus dem stillsten örtchen meines hauses. Sie und ich wissen, dass ich damit nicht die toilette meine, sondern den neuen PANIC ROOM, den mir ihre Firma nicht nur eingeredet, sondern auch noch unter exorbitant hohen kosten installiert hat.

Ich gebe aber offen zu, dass ich zunächst von der idee, einen PANIC ROOM zu besitzen, geradezu fasziniert war. PANIC ROOM. Allein dieses namens wegen musste ich unbedingt so einen haben. Einen Raum, für alle fälle. Wenn skrupellose bösewichte oder pingelige finanzbeamte ins haus eindringen, dann ist der PANIC ROOM jener raum, in den man sich zurückzieht. Das herz des hauses. Die

festung. Uneinnehmbar. High tech pur. Mit allem ausgestattet, was so man so braucht. Essen für 14 tage dauerbelagerung, medikamente inklusive chirurgenbesteck, lektüre von pilcher bis potter.

PANIC ROOM klang für mich nach beverly hills, jodie foster und abenteuer. Mit ersteren beiden kann ich nicht dienen, das abenteuer hat sich aber bereits eingestellt. Denn ich sitze hier im PANIC ROOM und ich tue es NICHT FREIWILLIG! ICH BIN EINGESPERRT! Gefangener meines eigenen hauses sozusagen. Ich lauf im PANIC ROOM voll PANIK RUM um ein kleines wortspiel zu bemühen. Nach mehrmaliger eingabe des entriegelungcodes wurde mir die erlaubnis entzogen, weitere öffnungsversuche zu unternehmen. Zu spät habe ich bemerkt, dass ich statt des geburtsdatums meiner frau jenes von jimi hendrix eingetippt hatte. 3 x falsch. Game over. Bei der vierten falschen codeeingabe würde das licht ausgehen und die polizei verständigt. In höchster verzweiflung startete ich einen vierten versuch. Und wirklich … das licht ging aus! Es kam aber niemand. Keine polizei. Nicht mal ein briefträger.

Das war gestern abend. Seitdem sitz ich hier und warte. Und jetzt fiel mir der laptop ein, den sie im survival-kasten deponiert hatten. „für den kontakt mit der außenwelt in krisenzeiten", wie sie meinten. Die krise ist da und sie sind meine außenwelt. Holen sie mich bitte hier raus. Ich habe angst, verrückt zu werden und mich schon dabei beobachtet, wie ich um das bücherregal herumschlich und ernsthaft daran dachte, einen rosamunde pilcher roman zu lesen.

Ihr panischer Leopold Fuchs

„ICH LAUF IM PANIC ROOM VOLL PANIK RUM!"

----- Original Message -----

From: Benny Bauer

To: Leopold Fuchs

Sent: Thursday, July 12,

Subject: Re: Haus technik

Hallo, Herr Fuchs!

Danke, dass Sie die Panik-Hotline von HISPANIC kontaktiert haben! Zur Zeit sind alle unsere Mitarbeiter entweder mit anderen panischen Menschen beschäftigt oder gehen ihren entspannenden Freizeitbeschäftigungen nach.

Deshalb können wir Ihr Anliegen jetzt gerade nicht bearbeiten. Versuchen Sie es doch bitte zu einem späteren Zeitpunkt wieder. Wenn das von Ihnen aus noch geht. (Aber warum auch nicht, immerhin sitzen Sie ja offenbar in Ihrem PANIC-ROOM fest und kommen dort unmöglich weg.)

Mit   kalmierenden Grüßen Ihr HISPANIC-Team

P.S.: Immer schön ein- und ausatmen!

am 13.07.2007, 14:09 Uhr schrieb Benny Bauer

Guten Tag, Herr Fuchs!

Mein Name ist Benny Bauer, und ich bin für die nächste (zweifellos schwierige) Zeit Ihr online Panic-Room-Betreuer.

Da Sie sich unabsichtlich in Ihrem Panic-Room eingeschlossen haben, muss ich Ihnen leider mitteilen, dass Ihre Anfrage gereiht wird.
Sie erhalten die Nummer 67.

Weil es sich in Ihrem Fall lediglich um ein Missgeschick handeln dürfte und a priori kein nachweisbarer Grund zur Panik bestand, müssen Sie sich leider noch etwas gedulden, bis wir uns Ihnen voll und ganz widmen können. Wir haben nämlich derzeit Kontakt zu einigen anderen Eingeschlossenen, die sich in echter Panik vor Einbrechern, geifernden Hunden, tobenden Schwiegermüttern oder eifersüchtigen Ehepartnern in ihre Panic-Rooms geflüchtet haben und deshalb bevorzugt betreut werden.

In der Zwischenzeit legen Sie doch bitte zuallererst Ihre Kleidung ab und dann das HISPANIC-Kreislauf-Überwachungsgerät an. Sie finden es in einem Fach an der Südwand, ungefähr in Kniehöhe. Klopfen Sie mit den Handknöcheln leicht dagegen, und das Fach wird sich öffnen. Wenn Sie das Überwachungsgerät angelegt haben (wie das genau funktioniert, entnehmen Sie bitte dem beigelegten Handbuch), aktivieren Sie es bitte mit dem „go online"-Schalter an der linken Schulter. Damit weiß ich dann rund um die Uhr Bescheid, wie es um Sie steht. Sollten sich Ihre Vitalwerte kritischen Bereichen zuneigen, schlägt das System Alarm. Ich werde dann im Bedarfsfall gemeinsam mit Ihnen die notwendigen Gegenschritte einleiten.

Meinen Berechnungen zufolge reicht die Luft in Ihrem Panic-Room noch für drei Tage, wir haben also noch massenhaft Zeit, wenn Sie jetzt nicht anfangen zu hyperventilieren oder aus unerfindlichen Gründen plötzlich joggen oder zimmerfahrradfahren.

Halten Sie Ihren Sauerstoffverbrauch auf einem möglichst niedrigen Level, dann dürften die drei Tage zu schaffen sein. Das Lesen von Rosamunde-Pilcher-Büchern hilft erfahrungsgemäß sehr gut. Nicht umsonst gehören ihre Bücher zur Grundausstattung unserer Panic Rooms. Da müssen Sie sich nicht aufregen, und eventuell schlafen Sie unmittelbar nach Beginn der Lektüre ein, was für den Sauerstoffverbrauch auch wieder nur von Vorteil ist.

Noch ein Tipp: Benutzen Sie die Toilette aus rostfreiem Edelstahl so selten wie möglich! Sie können sich vielleicht noch an das Verkaufsgespräch mit Ihrem konzessionierten HISPANIC-Berater erinnern. Da wird er mit Sicherheit erwähnt haben, dass Ihr Panic-Room mit einem von der Außenwelt unabhängigen Luftkreislauf ausgestattet ist. Das heißt, die Luft im Inneren des Raumes wird umgewälzt. Verzichten Sie also in den nächsten Stunden auf die eingelegten Dosenbohnen in Ihrem Survival-Kasten!

Also Ohren steif- und Luft anhalten, ich warte auf Rückmeldungen von Ihnen und Ihrem Kreislauf!

Benny

----- Original Message -----

From: Leopold Fuchs -

To: Benny Bauer

Sent: Friday, July 13,

Subject: Re: Haus technik

Sehr geehrter herr Bauer

Da sie ja jetzt meine blutdruck-werte auf ihrem bildschirm haben, werden sie unschwer erkennen, dass es mir a) gelungen ist, das HISPANIC-kreislauf-überwachungsgerät online zu schalten und dass mich b) ihr mail ganz und gar nicht beruhigt.

Ich habe vergessen zu erwähnen, dass sich auch meine hauskatze bongo bei mir befindet und ersuche sie, das in ihre sauerstoff-vorrats-berechnungen einfließen zu lassen.

Die dosenbohnen hatte ich leider schon verzehrt, ehe ich ihr mail erhielt. Warum statten sie den PANIC ROOM auch mit so etwas aus?

Ich werde mir jetzt eine flasche rotwein greifen (natürlich nicht das elende gesöff, das im HISPANIC-standard-fresspaket inkludiert war, sondern ein von mir persönlich beigestellter wein.) in wenigen stunden werden sie an meinen leberwerten erkennen, dass ich sie ausgetrunken habe. Ich empfehle ihnen, diese kurze phase zu nützen, mich aus meiner misslichen lage zu befreien. Andernfalls schicke ich unseren mailverkehr in CC an sämtliche tageszeitungen des deutschsprachigen raumes, was dem ruf ihres unternehmens mit sicherheit erheblichen schaden zufügen würde. Außerdem rate ich ihrer geschäftsleitung, sich bald selbst in den PANIC ROOOM zurückzuziehen, da ich mich mit den offensichtlich zahlreichen anderen eingeschlossenen zu einer sammelklage verbünden werde.

Mit panischen grüßen Leopold Fuchs

am 14.07. schrieb Benny Bauer:

Lieber Herr Fuchs!

Gemach, gemach! Soeben hat mir mein System gemeldet, dass Sie sich zu sehr aufregen!

Also kommen Sie bitte wieder runter von der Palme und denken Sie an Ihren Bongo, der möchte auch noch ein paar Stunden schnaufen können.

Danke übrigens dafür, dass Sie mir die Anwesenheit der Katze nicht weiterhin unterschlagen! Ich beziehe sie natürlich in meine Berechnungen mit ein.

Ich vermute, Sie werden schon versucht haben, den PIN2, den PUK1 und PUK2 (die Sie in einem geheimen Fach an der Decke des

Raumes ausfindig gemacht haben werden) sowie die Lottozahlen der letzten drei Ziehungen in das Bedienfeld neben der Tür einzugeben. Vermutlich vergebens.

Also müssen wir das ganze anders lösen. Hmmm.

Befinden sich noch Angehörige im Haus? Das können Sie ja mittels Videoüberwachung überprüfen. Aber selbst wenn, dann bringt Ihnen im Panic-Room das herzlich wenig, weil Sie ja keinen Kontakt zu Ihnen aufnehmen können, sondern nur zu mir … Tröstet Sie das nicht ein wenig???

Mir kommt gerade eine Idee: Anhand der von Ihnen per E-Mail geschickten Notrufe lässt sich die IP-Adresse Ihres Rechners eruieren. Damit kann ich den Standort des Gerätes herausfinden, das ergibt den Standort des Panic-Rooms, und das bedeutet, dass ich dann weiß, wo genau Sie sich eingeschlossen haben.

Sobald ich die Adresse habe, kann ich eines unserer Aufsperr-Teams losschicken, damit die mal bei Ihnen anklopfen.

Andererseits könnte ich mir die ganze mühsame Recherche sparen, wenn Sie mir völlig unbürokratisch sagen, wo Sie zu Hause sind …

Ich hoffe, Ihr Wein hat geschmeckt, Sie sind wieder ein bisschen relaxter und Bongo geht es gut.

Herzlichst Benny Bauer

P.S.: HISPANIC wäre Ihnen sehr verbunden, wenn Sie davon abse-hen würden, die Medien von diesem Vorfall zu unterrichten. Denken Sie doch daran, dass es für Sie durchaus auch peinlich werden könnte, wenn Ihre Frau erfährt, dass Sie ihr Geburtsdatum mit dem von Gitarrengott Jimi Hendrix verwechselt haben …

P.P.S.: Ihr (und Bongos) Sauerstoff-Vorrat reicht noch für gute zwei Tage!

----- Original Message -----

From: Leopold Fuchs -

To: Benny Bauer

Sent: Monday, July 23,

Subject: Re: Haus technik

Sorry, dass ich mich erst jetzt rühre. Muss eingeschlafen sein. Fühle mich ausgeruht und voller energie. Was mich allerdings stutzig macht: bongo ist nicht mehr da. Daraus ließen sich folgende schlüsse ziehen:

1. bongo hat ein schlupfloch nach draußen gefunden

2. bongo wurde während ich schlief, befreit und ich wieder eingesperrt

3. (ich schreib's mit widerwillen): ich habe bongo in einem anfall von schlafwandel verspeist

Wo ich zuhause bin, wissen sie ja anhand meiner kundennummer, die jedem mail unsichtbar angehängt ist, wie sie mir in einem beratungs-gespräch versicherten. Also holen sie mich hier raus!

Ich beginne jetzt mit der suche nach dem schlupfloch, da mir variante 1 am besten gefällt.

Mit panisch-entspannten grüßen Leopold Fuchs

„DIE NOTSPRENGUNG"

----- Original Message -----

From: Benny Bauer

To: Leopold Fuchs -

Sent: Friday, July 27

Subject: Re: Haus technik

Sehr geehrter Herr Fuchs!

Ja, Sie haben geschlafen wie ein Baby. Die Sensoren des Überwachungssystems waren alle im tiefgrünen Bereich, was bedeutet, dass Sie einen äußerst erholsamen Schlaf gehabt haben müssen. Wie ich Sie beneide! Hier bei der Helpline ersticken wir fast in Arbeit.

Apropos „ersticken": Wir haben beide nicht bedacht, dass ja auch eine gute Flasche Rotwein atmen muss vor dem Genuss! Das und Ihr stundenlanges Weggetretensein haben Ihren Sauerstoffvorrat besorgniserregend schrumpfen lassen. Aber ich kann Sie beruhigen: Bis zu Ihrer Befreiung dürfte es sich ausgehen mit dem Schnaufen.

Wo Ihr Kater Bongo derzeit aufhältig ist, kann ich nicht mit Gewissheit sagen. Haben Sie ein pelziges Gefühl im Mund? Das muss nicht zwingender Weise vom Rotwein kommen! Sollte Bongo allerdings nicht von Ihnen verspeist worden sein, dann muss er einen Schlupfweg nach draußen gefunden haben, und das wäre unsererseits ein Grund zur Besorgnis. Denn wo eine Katze rein und raus kann, dort kann man auch Giftgase oder Handgranaten durchschicken. Ich leite das an unser Planungsbüro und die technische Entwicklungsabteilung weiter.

Nun zu den guten Nachrichten: Ich habe nach meiner letzten E-Mail unser Mobiles Aufsperrteam zu Ihnen geschickt. Die drei Männer sollten in Kürze bei Ihnen eintreffen. Das Team besteht aus einem Notfallpsychologen, einem ehemaligen Profi-Einbrecher und einem Sprengmeister.

Erschrecken Sie nicht, wenn Sie von draußen einige dumpfe „Bumm"s hören: Das sind wohldosierte und von einem von uns entwickelten Computersystem berechnete Sprengsätze, die die Tür zum Panic-Room öffnen werden. Am besten, Sie verkriechen sich jetzt gleich hinter dem Notbett, dann werden Sie später nicht von den Metall- und Betonsplittern getroffen, die notwendigerweise bei kleinen Sprengungen wie diesen entstehen.

Übrigens: Für die Befreiung durch unser Mobiles Aufsperrteam wird Ihnen von HISPANIC ein Selbstbehalt von € 750 verrechnet, da es sich in Ihrem Fall ja um ein unabsichtliches Einsperren gehandelt hat. Ihre Bankverbindung ist uns bekannt, wir werden den Betrag gleich per Einzugsermächtigung abbuchen, wenn Ihnen das recht ist.

Ich freue mich, dass ich Ihnen helfen konnte und verbleibe mit den besten Grüßen bis zum nächsten Mal

Benny Bauer HISPANIC-online-Notfallbetreuer

----- Original Message -----

From: Leopold Fuchs -

To: Benny Bauer

Sent: Sunday, July 28,

Subject: Re: Haus technik

Hallo Benny

Hier ist der Kurti vom mobilen Aufsperrteam. Ich schreib dir hier vom Computer unseres Kunden Leopold Fuchs. Ich hab eine gute und eine schlechte Nachricht für dich. Die gute: Unser Panic Room hält auch einer starken Sprengung ohne Probleme stand. Die schlechte: Der Rest des Hauses von Herrn Fuchs weist eine bei weitem geringere Stand-

festigkeit auf. Mit anderen Worten: Bis auf den Panic Room steht hier nichts mehr. Mittels Nachsprengung ist es uns aber gelungen, ein kleines Loch in die Tür zu bekommen, durch das man jetzt bequem aus- und eintreten kann. Herr Fuchs scheint mit der Situation sehr gut zurecht zu kommen, obwohl er ein wenig verwirrt wirkt. Er spricht mit einer imaginären Katze und weigert sich, den Panic Room zu verlassen. Er hat uns nur gebeten, ihm einen Karton Wein und ein paar Dosen Bohnen zu bringen, dann würde er es bis zum jüngsten Tage aushalten.

Sollen wir ihm den Wein und die Dosen extra verrechnen?

Kurti

----- Original Message -----

From: Benny Bauer

To: Leopold Fuchs -

Sent: Friday, July 27

Subject: Re: Haus technik

Lieber Kurti

Danke, dass ihr das so toll hingekriegt habt. Im wahrsten Sinne des Wortes – hingekriegt … Der Kunde ist König und wenn es ihm im Panic Room so gefällt, kann er gerne drinnen bleiben. Wir sind auch keine Unmenschen. Deshalb erhält er von uns den original Hispanic Dosen-öffner geschenkt. Flaschen und Dosen zahlt er natürlich. Macht euch jetzt im wahrsten Sinne des Wortes aus dem Staub – kleines Wortspiel – andere Kunden haben auch ein Recht auf unser Bomben-Service.

Dein Benny

Benny Bauer HISPANIC-online-Notfallbetreuer

SCHÖNE URLAUBSGRÜSSE VON DER BAUSTELLE!

„Moderne Haustechnik – Sinn oder Wahnsinn?"

Ein sonniges, energiesparendes und ökologisches Haus könnte auch mit sehr wenig Haustechnik auskommen. Gemäß dem Sprichwort „weniger ist mehr" gibt es dann eventuell auch weniger Anschaffungskosten, weniger ungesunder Strahlung und weniger Störungen.

Da wir etwa ⅓ unseres Lebens zur Regeneration im Bett verbringen, sollten gerade die Schlaf- und Kinderzimmer möglicht frei von störender Strahlung (Wasseradern, Erdverwerfungen, Fernseher, Computer, Handy, Schnurlostelefon, elektrischer Radiowecker etc.) sein, da unser Organismus sonst keine Erholung vom „Stress" des Tages bekommt. In den Schlafräumen können Sie z.B. mittels eines Netzfreischalters automatisch den Stromkreis „abschalten", wenn keine Geräte mehr in Betrieb sind.

Eine starke Strahlung (häufig stärker als Handys!) senden auch Schnurlostelefone aus. In Verbindung mit Funkinternet, wireless Lan-Netzwerk, Funk-Alarmanlage etc. kann ein sehr ungesunder, selbst verursachter „Strahlencocktail" in Ihrem Haus entstehen! Störende Strahlung von außen können Sie durch die richtigen Baustoffe (möglichst wenig Eisen in Decken und Wänden) sowie Lehmputze und Lärchenholzverschalungen reduzieren.

Mit einer gut überlegten Elektroplanung und ev. einer Installationsbus-Anlage können Sie komfortable Steuerungen wie z.B. Lichtszenarien (direkte und indirekte Beleuchtung), automatische Beschattung und Lüftung etc. vornehmen und bei Bedarf jederzeit ändern.

Eigenleistung oder eigene Leistung oder eigentlich eine Leistung!

Gesegnet sei das Geben und Nehmen

Eigentlich bin ich Postbeamter, Briefträger um genau zu sein. Und ich arbeite in meinem Heimatort. Das hat viele Vorteile. Vor allem aber den einen, dass ich sehr viele Leute im Umkreis kenne. Dadurch habe ich auch erfahren, dass es neue Baurechtsgründe geben wird. Die Oma vom Bürgermeister hat das nämlich der Frau vom Gemeindearzt erzählt, der ich kürzlich einen Einschreiber gebracht habe. Ich trag mich ja schon lang mit dem Gedanken, ein Haus zu bauen. Wir wohnen zur Zeit in einer 60 m² Wohnung. Ich und meine Frau, unsere zwei Kinder, die Meerschweinchen und der Hund. Also bin ich auf dem Heimweg gleich einmal vorbeigefahren bei meinem zukünftigen Garten.

Ich hab mich für eine Parzelle angemeldet und sie wirklich bekommen. Wahrscheinlich, weil ich der Freundin vom Gemeindesekretär unlängst ein Telegramm mit guten Nachrichten überbracht habe.

Auch wenn der Baugrund so gut wie nichts kostet, so ein Haus ist ziemlich teuer. Zuerst haben wir alle Fertigteilhaussiedlungen abgeklappert. Aber die Häuser, die uns gefallen haben, waren natürlich jenseits unserer finanziellen Schmerzgrenze. Trotzdem ist mir dabei aber etwas sehr Wichtiges aufgefallen. Eigentlich ist das Hausbauen gar nicht so kompliziert. Alles geht immer nach Schema F: Maurer, Maler, Dachdecker, Elektriker, Installateur – das wär's eigentlich im Groben.

Der Müller Karl von der Austraße ist Maurer, wenn ich mich recht erinnere. Und der Pribil von der neuen Siedlung auch. Weil – zwei braucht man schon. Und ich helf ja auch mit. Meine Arbeit ist eh immer um drei vorbei. Zum Dachdecken könnt ich den Mann von meiner Kollegin nehmen. Der arbeitet bei einer Spenglerfirma und kennt sich sicher aus.

Elektriker kenn ich drei. Einer von denen wird schon Zeit haben. Und Installateure werden auch kein Problem sein. Denn der Bruder meiner Frau hat einen guten Freund, der bei den Wasserwerken arbeitet. Außerdem hat er zwei Jahre Installateur gelernt. Na ja, das wird schon. Dann könnten wir jetzt aufzeichnen, wie unser Haus ausschauen soll.

Einen Keller brauchen wir auf jeden Fall. Allein schon für das kalte Bier. Außerdem müssen dort die Schi sein und ein Stüberl für Partys. Eine Sauna wär natürlich auch nicht schlecht.

Erdgeschoß mit der Küche und dem Wohnzimmer. Und oben dann Schlafzimmer, Kinderzimmer und ein Bad. So ist das in allen Häusern und das wird schon seinen Sinn haben. Wir haben dann unser Haus skizziert und sind mit der Zeichnung zum Cousin von unserer Nachbarin gegangen. Der arbeitet bei einer Computerfirma und hat uns das Haus als Einreichplan gezeichnet. Und weil der wiederum einen Onkel hat, der bei einer Baufirma Polier ist, haben wir auch einen Stempel auf unseren Plan bekommen. Na es geht ja!

Damit sind wir zum Bürgermeister. Passt alles, nur einen sogenannten Baustellenkoordinator müssen wir noch nennen. Da fiel mir ein, dass der Sohn von der Klofrau beim letzten Zeltfest so was schon einmal gemacht hat, das hab ich nämlich gehört, als sie es jemandem erzählt hat.

Es dauerte nur dreieinhalb Wochen, bis ich den Namen von der Dame herausfand und wirklich, der Sohn ging mir als Baustellenkoordinator. Hat mich drei Bier gekostet.

Die Maurerpartie Müller-Pribil hat auch zugesagt. Sie könnten in sechs Monaten sofort nach den Osterferien anfangen. Nun kann dem Start vom Hausbau nichts mehr im Wege stehen. Bis auf das Baumaterial. Aber der Müller Karl hat einen Stockschützenkollegen, der beim Baustoffhandel vom Nachbarort immer die Lagerhallen aufräumt und der könne mir wirklich Superprozente verschaffen. Apropos Prozente: Jetzt musste ich nur noch zur Bank. Aber das war auch kein Problem, weil ich einer Mitarbeiterin von meiner Bank immer so viele Pakete bringe. Die tut nämlich immer auf ebay einkaufen. Die hat mir

gleich einen Termin beim Filialleiter verschafft. Den kenne ich auch, denn dem bring ich immer die abonnierte Sportzeitung. Wir haben uns gleich wie alte Freunde unterhalten und nach einer halben Stunde hatte ich meinen Kredit in der Tasche.

Ich hab sofort das Baumaterial laut der Liste von Müller-Pribil bestellt. Die Lieferkosten konnte ich auch sparen, weil der Lagerhallenaufräumer einen Kollegen hat, der mir das Material am Abend gegen einen kleinen Schmattes vorbeigebracht hat. Wir haben das gleich auf meinem neuen Grundstück gelagert. Damit nichts gestohlen wurde, habe ich die folgenden 12 Wochen auf der Baustelle übernachtet. Man glaubt nicht, wie das den Körper abhärtet. Zu Pfingsten ist der Fritz, ein Freund vom Mesner, mit seinem Bagger gekommen und hat das Loch für den Keller ausgegraben. Die Erde hat er einstweilen auf dem Nachbargrundstück gebunkert. Leider haben wir vorher das Baumaterial umschlichten müssen. Der Erdenberg schaut aus wie das Wilde Kaiser-Massiv. Ein kleines Problem hatten wir zu lösen. Es gab kein kaltes Bier. Aber der Gemeindearbeiter ist der Neffe von der alten Frau Ondraschek, der ich immer die Packerl in den 3. Stock bringe. Am Abend hatten wir schon den Baustromkasten und einen alten Kühlschrank vom Schrottplatz.

Die Fundamentplatte ist die Sohle vom Haus und die haben wir als erstes betoniert. Die Mischmaschine hat am zweiten Tag den Geist aufgegeben. Aber der Besitzer des übernächsten Grundstücks hat uns eine geborgt. Er fängt nämlich erst nächstes Jahr zum Bauen an.

Ich war zuständig für die einfachen Arbeiten. Mischmaschine putzen, Material beschaffen, Bier einkühlen, das war wirklich nicht schwer. Nur beim Zementschaufeln kam ich manchmal ziemlich ins Schwitzen. Meine Frau hat mir dann immer die Blasen an den Händen verbunden. Wir haben dann gemischt, betoniert, geschalt, gemischt, betoniert fast den ganzen Sommer – jeden Abend, jedes Wochenende. Bodenplatte, Kelleraußenwände, Innenwände, Kellerdecke, Hausaußenwände.

Nach drei Jahren waren wir mit dem Rohbau fertig und konnten die Mischmaschine zurückgeben. Der Besitzer war mittlerweile geschieden und nach Wien verzogen.

Die Verrechnung mit den Maurern war ganz einfach. Helf ich dir, so hilfst du mir. Beide hatten auch noch vor, zu bauen. Der Müller Karli will sein Elternhaus umbauen. Und der Pribil hat grade den letzten Baurechtsgrund ergattert. Aber er hat mir versprochen, dass wir zuerst mein Haus fertig bauen. Ich war zufrieden. So einfach hatte ich mir das gar nicht vorgestellt. Jetzt fehlte nur noch das Dach für die Gleichenfeier. Der Mann von meiner Kollegin hat mittlerweile bei der Spenglerfirma gekündigt. Also musste ich mich nach jemand anderem umsehen. Da fiel mir ein, dass einer von der Waldstraße neuerdings immer mit einem Auto von einer Dachdeckerfirma vor seinem Haus

EXPERTENTIPP

„Hausbau – ein vernetztes System"

Damit der Traum vom eigenen Haus nicht als Albtraum endet, sollten während der Planungsphase ehrlich und realistisch folgende Bereiche mit allen nur denkbaren Konsequenzen sehr gut überlegt werden:

- Planung: Bedürfnisse jetzt und später, sonniger Grundriss mit Einrichtung, Küche, Bad und Garten, Bau- und Dämmstoffe, Heizung, Lüftung, Licht, Elektrotechnik, …
- Finanzen: Realistische Baukostenschätzung, zusätzliche Gebühren, Förderungen, Kredite, monatliche Einnahmen und Ausgaben und was bleibt als Reserve über? Eventuell kleiner bauen oder noch zwei Jahre sparen!
- Ausführung: Vergleichbare Angebote durch Ausschreibung, seriöse Verträge, Bauleitung, Details planen, Rechnungsprüfung, Mängel entdecken und beheben, Schlussabnahme, …
- Bauteam: Firmen, Bauleiter, Verwandte, wie viel Zeit für Eigenleistungen bzw. Familie bleibt?
- Beziehungen: Zu Partner, Kindern, Familie, Freunden, dadurch eventuell Zeitproblem, Gefahr einer Trennung oder Scheidung, …
- Zeit: Realistischer Bauzeitplan mit ausreichenden Reserven, Wochenenden oder Urlaub zur Erholung, wie geht sich das mit dem Beruf aus, Überstunden machen oder Schotter schaufeln?

parkt. Schon am nächsten Tag hatte ich zufällig in der Nähe zu tun und traf seine Frau. Es hat nicht lang gedauert und der Ferdl und ich wurden uns einig. Er würde mein Hausdach machen und ich würde ihm dafür bei seinem Garten helfen. Na bestens. Der Dachdeckerferdl hat noch einen Kollegen mitgebracht und zu zweit haben sie dann den Dachstuhl samt Dach gemacht. Der Kollege hätte in einigen Jahren ebenfalls vor, ein Haus zu bauen. Und dann könnte ich mich entsprechend revanchieren. Acht Monate später Mitte November hatten wir dann die Gleichenfeier. Es kamen viele Leute.

Im Winter machten wir die Installationen im Haus. Der Wasserwerker war wirklich in Ordnung. Er schulte mich auch gleich ein, damit ich ihm später einmal wieder helfen könne.

Ich lernte Kanal-Verlegen, Stemmen mit dem Schlagbohrer und Löten. Das Einzige, was ich wirklich zahlen musste und da gabs kein Pardon, war die Gasleitung. Da nützten auch nichts, dass meine Tochter mit dem Sohn des Installateurs im gleichen Club Fußball spielte. Dafür hat mich der Elektriker nicht im Stich gelassen. Der Stiefsohn von der Frau Maier in der übernächsten Straße hat sich bereit erklärt, mir die gesamte Elektroinstallation zu machen. Dafür könnte ich ihm im nächsten Jahr helfen, wenn er sich als Mechaniker selbständig machen wolle. Weil ich dem Vater einer Schulfreundin von meiner Tochter versprochen habe, Mitglied im Modellbauklub zu werden, habe ich einen echten Sonderpreis für die Fenster und Türen bekommen. Bevor ich den Innenausbau begann, habe ich eine kurze Zwischenrechnung auf meinem Kreditkonto gemacht. Noch nicht einmal die Hälfte verbraucht. Und das nach fünf Jahren Bauzeit. Das waren wirklich gute Nachrichten.

Für den Fenstereinbau hatte ich dann alle zusammengetrommelt: die Müller-Pribil-Partie und den Dachdeckerferdl, den Wasserwerker-Installateur samt Frau und den Baggerfritz. Das Arbeiten war wirklich lustig und ruck-zuck nach ca. acht Wochen waren die Fenster drin.

Eigentlich war ich schon fast fertig. Leider kam es zu einer kurzen Verzögerung, weil der Dachdeckerferdl unbedingt seinen Garten anle-

gen musste. Da hab ich ihm gleich den Erdenberg vom Nachbargrundstück gegeben. Das war sowieso höchste Zeit, weil der Nachbar schon ein Anwaltsschreiben geschickt hatte. Er wollte endlich mit dem Bauen beginnen. Mit dem Garten vom Ferdl waren wir das ganze Frühjahr über beschäftigt. Ich fand das wirklich gut, denn so konnte ich schon für unseren zukünftigen Garten Erfahrungen sammeln. Er war zwar nur ca. 30 m² groß, aber trotzdem.

Die Fliesen habe ich wirklich günstig im Baumarkt in Wien gekauft. Restposten heißt das Zauberwort. Und die Laminatböden kosten ja heute fast gar nichts mehr. Die Böden verlegte ich unter Anleitung vom Maurer-Karli selber. Und das Bad hat sogar meine Frau mit den Kindern verfliest.

Jetzt brauchten wir noch eine Küche. Gerade wollte ich mit meiner Frau zur Exfreundin von meinem Chef in das Möbelhaus fahren, als der Müller Karli anrief, es sei jetzt so weit. Der Umbau bei seinem Elternhaus würde jetzt starten und er brauche mich.

Nach einem halben Jahr haben wir endlich die Küche ausgesucht. Die Küchenzeile vom Aktionsflugblatt hat uns gleich am besten gefallen. Weil die Änderungen so teuer waren, haben wir die Möbel gleich von der Ausstellung weg gekauft. Das würde sich sicher ausgehen. Und wenn nicht – mein Nachbar arbeitet in einem Sägewerk.

Die Küche ist wirklich sehr schön geworden. Der Nachbar hat mit der Säge wahre Kunstwerke vollbracht und die Küchenzeile haargenau an unsere Küche angepasst. Die Zwischenräume haben wir mit selbst gebauten Regalen befüllt. Die unterschiedlichen Farben stören auch die meisten Besucher nicht.

Nach zwei Monaten konnten wir einziehen. Mittlerweile war die Baurechtssiedlung schon ziemlich bevölkert. Fast alle Häuser waren fertig und bewohnt – bis auf unseres und das vom Pribil. Der kam ja erst nach mir dran.

Weil unser Übersiedlungszeitpunkt genau auf die Weihnachtsferien fiel, hatte leider weit und breit niemand Zeit, uns zu helfen. Nichtsdestotrotz haben die Kinder, meine Frau und ich den Umzug in der

Rekordzeit von drei Wochen geschafft. Leider fiel der Meerschwein-chenkäfig aus dem fahrenden Auto und wurde von einem LKW über-rollt. Das hat die Stimmung der Kinder etwas getrübt. Aber schon bald fühlten sich alle im neuen Heim wie zu Hause. Die Kinder haben wie-der ein Zimmer gemeinsam, doch statt dem alten Stockbett hat jedes ein eigenes Schlafsofa.

Unser alter Kasten passte zentimetergenau in das neue Schlafzim-mer. Wie sich detailgetreue Planung bezahlt macht! Sogar das alte Bett konnten wir wieder verwenden. Unser Schlafzimmer hat zwar kein Fenster, aber dank dem Maurer-Karli haben wir trotzdem immer Frischluft. Er hat uns kurzerhand einen WC-Lüfter eingebaut – sogar mit Leiselauf.

Im Bad haben wir meistens Stau, weil ein Waschbecken in der Früh einfach zu wenig ist, auch wenn es den ganzen Tag über nicht benützt wird.

Die Garage ist wirklich ein wahrer Luxus. Groß und geräumig mit viel Platz für Werkzeug und andere Dinge, die sich so ansammeln. Und für das Auto haben wir auf der Straße so viele Parkplätze, wie wir wol-len. Außerdem brauchen wir den Platz in der Garage, weil im Keller immer wieder das Wasser steht.

Kurz nach dem Einzug gab es ziemliche Aufregung, weil nach ei-nem Rohrbruch das Wasser von der Decke tropfte. Der Wasserwerker hat seinen Fehler aber sehr schnell gefunden und repariert. Leider ha-ben wir jetzt unterschiedliche Fliesen im Bad, denn vom Restposten war nichts mehr übrig.

Wir waren grade dabei, unser neues Haus so richtig zu genießen, als sich der Elektriker bei mir meldete, es sei jetzt so weit. Er hätte bald seine Geschäftseröffnung und bräuchte meine Hilfe. Das nächste hal-be Jahr verbrachte ich mit dem Umbau einer Mechaniker-Werkstätte. Aber versprochen ist versprochen. Und irgendwann würde auch diese Baustelle ein Ende haben.

Gerade als ich darüber nachdachte, wie sich der Schimmel im Schlafzimmer beseitigen lässt, hat sich der Pribil gemeldet. Er beginne

nächstes Monat zu bauen und er zähle auf mich. Aber sicher doch. Für das Entspannen im neuen Heim ist ja später noch genug Zeit.

Der Bau vom Pribil hat sechs Jahre gedauert. Mittlerweile waren meine Kinder erwachsen geworden und sind aus ihrem schönen Zimmer ausgezogen. Meine Frau wohnt jetzt beim Nachbarn in seinem neuen Haus. Sie fahren jedes Jahr zweimal auf Urlaub und entspannen im Sommer am Swimmingpool. Ich werde mir in Kürze auch ein Schwimmbad bauen. Leute, die mir helfen, kenne ich ja genug …

„KURZ NACH DEM EINZUG GAB ES ZIEMLICHE AUFREGUNG, WEIL NACH EINEM ROHRBRUCH DAS WASSER VON DER DECKE TROPFTE."

Finanztechnisches

Vorauszahlen:

etwas zahlen ohne eine Leistung dafür erhalten zu haben, jedoch in der Hoffnung, es zahlt sich aus

Bauherr: Kiste Bier

Beauftragtes Fachunternehmen: Maßnahmen zur Weiterbildung der Mitarbeiter, Sicherheit der Mitarbeiter auf der Baustelle

Draufzahlen:

umgangssprachlich „einfahren", wenn man etwas erst bemerkt, wenn es zu spät ist mit negativer Folge

Bauherr: als LEICHT beschriebene Hilfsarbeiten werden zum Prüfstein des ohnehin gestressten Bauherrenlebensabschnitts

Baufrau: Bauherr stellt sich als Mann mit zwei Linken heraus

Auszahlen:

es zahlt sich aus, es rechnet sich oder etwas rentiert sich, etwas bringt mehr ein als man investiert hat

Baumann/Baufrau: den Anteil auszahlen, z.B. bei Scheidung den Ehepartner aus dem Haus hinauszuzahlen

Bauhandwerker: wenn mit dem Auftrag trotz Preisdruck, Terminverschiebungen, Bauplanänderungen noch ein kostendeckendes Ergebnis erzielt wird

Einzahlen:

Geld aufs eigene Konto (bei Häuslbauern nie der Fall) oder auf fremde Konten legen (Dauerzustand beim Bauherrn)

Var. A: auf Konten aller am Bau Beteiligten (Fachfirmen)

Var. B: auf Konten von am Bau nicht Beteiligten (Behörden, Finanzamt)

Abzahlen:

das neue Heim (Lebensaufgabe des Bauherrn)

Raten eines Umschuldungskredits nach Beratung durch einen schlecht ausgebildeten Vermögensberater (Verlängerung der ursprünglichen Abzahlzeit von 15 auf 25 Jahre)

Anzahlen:

Baufachbetrieb: beliebtes Mittel von Unternehmen, die Zahlungswilligkeit und -fähigkeit der Bauherrn zu überprüfen

Bauherr/Baufrau: unbeliebter Auftragsbestandteil, der immer dann eintritt, wenn man nicht damit rechnet

Bezahlen:

Ausgleich zwischen erbrachter Arbeitsleistung und erhaltener Arbeitsleistung wird oft mit zweierlei Maß bemessen

Heimzahlen:

Meist mit negativen Gedanken verbunden, z.B.: Rache nehmen an Nachbarn (feiern von fünf Richtfesten und den Nachbarn als Einzigen nicht einladen)

an Handwerkern (keine Getränke, keine Jause, kein Trinkgeld, im Fachjargon: trockene Baustelle)

Zurückzahlen:

1) Hochdeutsche Version von Heimzahlen

2) Raten zurückzahlen

in jedem Fall mehr als man erhalten hat

Energiezahlen:

Damoklesschwert für Häuslbauer

Wasser – Quell der Sorge

oder: Das Ding mit dem kleinen Schädel

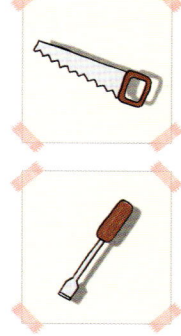

Beim Urlaub am Meer oder am kristallklaren See hat man mir den Satz noch nie nachgerufen. Wenn ich abends in die Badewanne steige, fällt er mir nur selten ein, und wenn ich mich bei Regen im Freien aufhalte, hat mir noch nie jemand vom Fenster aus nachgerufen: „Pass auf, das Wasser hat einen kleinen Schädel!"

Bei der Errichtung meines Eigenheimes allerdings war dieser Satz so ziemlich das Erste, das ich gehört habe. Und von da an war ich beinahe tagtäglich damit konfrontiert. Und zwar nicht nur mit dieser Lebensweisheit, die man sonst nur am Ende desselben aufgetischt bekommt, sondern auch mit der tatsächlichen Bedeutung.

Seitdem weiß ich: Wasser hat tatsächlich einen kleinen Schädel und kommt, wenn man es lässt, überall hin. Am liebsten dorthin, wo man es am wenigsten brauchen kann.

Sollte man in Venedig jemals auf die Idee kommen, die Häuser zu unterkellern, dann wären die Venezianer gut beraten, ihre Keller so abzudichten wie ich das gemacht habe. Auch Hausbootbesitzer können sich getrost an mich wenden, wenn sie das Bedürfnis verspüren, ihren Wohnraum nach unten zu erweitern.

Als Berater für den Kellerbau ließ ich mir damals einen Tiefsee erprobten Meeresbiologen kommen, der tagtäglich mit Tauchbooten und Wasser zu tun hatte. Von ihm bekam ich auch den Tipp, die Kellerfenster als Bullaugen auszuführen. Da bin ich jetzt auf der sicheren Seite, sollte das Grundwasser einmal höher steigen als in den letzten 20.000 Jahren.

Er bekam übrigens schon Schweißperlen auf der Stirn, als der Betonmischer mit dem Fertigbeton anrückte. Dass der Beton mit Wasser angerührt war, passte ihm nämlich gar nicht, aber die Betonlieferanten konnten ihn davon überzeugen – und mussten es auch bei allem, was ihnen heilig war beschwören – dass er aushärten und nicht flüssig bleiben würde.

Das nur halbmeterhohe Dichtungsband zwischen Kellersohle und Kellerwänden reichte ihm auch nicht als Sicherheit gegen Feuchtigkeit; wir versenkten zentimeterdicke Gummiplatten zwischen den Schalungstafeln, weil: Das Wasser hat einen kleinen Schädel!

Als der Beton dann tatsächlich hart und die Wände ausgeschalt waren, ging es aber erst so richtig los mit den Abdichtungsmaßnahmen: Der gesamte Keller wurde mit mehreren Lagen Bitumen verspachtelt, glasiert, lackiert, in Folie eingeschweißt und mit wasserdichten Dämmstoffplatten beklebt. Die Stöße zwischen den einzelnen Platten wurden selbstverständlich mit Silikon versiegelt.

Und auch auf der Innenseite des Kellers musste was gegen das drohende Wasser getan werden: Ein Anstrich aus Kautschukmasse verwandelte das gesamte Kellerabteil in eine riesige Gummizelle. Sollte der Grundwasserspiegel irgendwann einmal bedrohlich ansteigen, dann kommt

EXPERTENTIPP

„Die Nutzung von Regenwasser"

Reines Trinkwasser ist momentan noch in ausreichenden Mengen vorhanden, es wird jedoch immer kostbarer.

Jeder von uns benötigt ca. 150 Liter reines Trinkwasser pro Tag! Davon „schütten" wir durch die WC-Spülung ca. 32 Liter täglich in den Schmutzwasserkanal, das sind bei 4 Personen ca. 50.000 Liter reines Trinkwasser jedes Jahr für die WC-Spülung! Diesen Wasserverbrauch können Sie durch Brunnenwasser oder eine Regenwassernutzungsanlage, die vollautomatisch mit Zisterne und Pumpwerk funktioniert, deutlich reduzieren.

Weiters gibt es zum Gartengießen auch große Regentanks oder Tonnen, die einfach an die Dachrinne angeschlossen werden und so das Regenwasser für den Garten sammeln. Hier können Sie das weiche Wasser mit der Gießkanne oder einer kleinen Tauchpumpe weiterverwenden.

Wer öfter duscht statt badet, benötigt auch weniger Trinkwasser!

durch diese Wände nichts durch. Allerdings kann es passieren, dass mein Haus plötzlich aufschwimmt wie ein Korkstoppel am Neusiedlersee.

Die Wanddurchführungen der Einbauten bereiteten uns dann noch Kopfzerbrechen. Den Vorschlag meines Beraters, diese Schwachstellen in den Kellerwänden lieber zu vermeiden und das anfallende Abwasser sowie das benötigte Trink- und Nutzwasser zur Sicherheit lieber in Kübeln hinein- und hinauszutragen, verwarf ich nach längerem Überlegen und bestand auf einem Anschluss ans örtliche Kanalnetz und an eine Wasserleitung. Ich gewährte der flüssigen Bedrohung also Zutritt zu meinem Eigenheim. Wenn es schon ins Haus kommen musste, dann in geordneten Bahnen, und dort, wo ich es haben wollte.

Unter sämtlichen Anbietern suchte ich den Hersteller mit den robustesten Rohren und den vertrauenswürdigsten Arbeitern aus. Auf meinen speziellen Wunsch schickte mir die Firma keinen Installateur, der Wassermann im Sternzeichen war. Ich glaube, ich hörte den Kundenbetreuer etwas von „abergläubischer Irrer" murmeln, kann mich aber auch verhört haben.

Mein Tiefsee-Biologe war schlussendlich auch zufrieden mit der Dichtheit der Wände und verließ mich in Richtung U-Boot.

Da stand ich nun mit meinem superwasserdichten Keller und es begann zu regnen. Es schüttete. Es goss. Es strömte nur so vom Himmel. Hektoliterweise.

Entspannt dachte ich an die durchgeführten Sicherungsmaßnahmen, an Gummi und Dichtbeton, an Silikon und Spachtelmassen und sah heiteren Auges, wie das Wasser von den Kellerwänden abperlte, als wären sie gut eingefettete Entenbürzel.

Dann fiel mir plötzlich ein, warum wir bei den Arbeiten im Inneren des Kellers nie elektrisches Licht gebraucht hatten. Warum es immer taghell da unten gewesen war: Die Kellerdecke fehlte, und sie würde noch drei Monate fehlen, weil sie gemeinsam mit dem Haus geliefert werden sollte.

Mein Grinsen wurde immer breiter und ging langsam aber sicher in hysterisches Gekicher und schließlich in brüllendes Gelächter über. Insgeheim sehnte ich mich danach, gegen die Gummizellenwände meines Kellers zu springen, aber das war leider nicht mehr möglich. Der oben offene Cabriokeller füllte sich zusehends mit Regenwasser, und weil beim Abdichten wirklich gute Arbeit geleistet worden war, konnte es auch nirgends mehr hinaus. Die Bullaugen hielten dicht, und auch sonst sickerte nirgends auch nur das kleinste Tröpfchen nach außen. An diesen Kellerwänden stieß sich das Wasser seinen kleinen Schädel ganz gewaltig!

Die drei Monate, die bis zur Lieferung meines Hauses und der Kellerdecke ins Land zogen, waren die mit der größten Niederschlagsmenge seit Beginn der Wetteraufzeichnungen. Wenn an den wenigen heißen Tagen in diesem Sommer die Bäder der Umgebung voll belegt waren, dann fuhren wir zu unserem Keller und schwammen dort ein paar Runden. Aus Paletten und Gerüstpfosten hatte ich ein Dreimeterbrett gezimmert, das auch von den Nachbarskindern gern genutzt wurde.

Als der große Tag gekommen war, und unser Keller endlich einen Deckel bekommen sollte, bat ich die Feuerwehr des Ortes, unser provisorisches Schwimmbecken mit ihren leistungsstärksten Geräten leer zu pumpen.

In weiterer Folge blieb ich natürlich auch in den Badezimmern, auf den Toiletten und in der Küche konsequent, was das Abdichten anging. Allein mein Silikonverbrauch für das Bad im ersten Stock hat geschätzten 25 Beschäftigen in der Silikonfabrik den Arbeitsplatz gesichert.

Weil man aber nie sicher sein kann, dass sich nicht doch da und dort noch eine kleine Ritze auftut, habe ich ein Machtwort gesprochen und die Körperhygiene auf zwei Duschgänge in der Woche reduziert. Wenn Frau und Kinder auswärts, bei Freunden oder Verwandten, duschen können und wollen, soll mir das recht sein, aber daheim? Nein! Zu gefährlich. Ich werde mich auf die Suche nach einem Fitness-Studio mit ansprechendem Sanitärbereich machen.

WC-Geschichten

Eine schwer verdauliche Diskussion, entdeckt im Internet (www.haustechnikdialog.de)

Entnommen von http://www.haustechnikdialog.de/forum. asp?thema=19886&headline=Gro%DFe%20Haufen

> Wir sind momentan am Bad renovieren und wollen in diesem Zuge auch
> alle Sanitärobjekte erneuern.
> Als ich mich jetzt nach einem neuen WC umschaute, fiel mir auf, daß
> die meisten neuen WCs zwar alle sehr schön aussehen, aber vom
> Durchflußquerschnitt sehr eng bemessen sind. Ich sehe darin ein
> Problem, weil wir in unserer Familie alle ziemlich große Haufen
> scheißen. Unser altes WC, ein Flachspüler von Villeroy & Boch hatte
> eine wesentlich größere Abflußöffnung, und selbst da gab es manchmal
> Probleme, daß die Haufen vernünftig durchrutschten.
> Bei welchen WC Herstellern ist die Durchflussöffnung besonders groß
> ausgeführt? Bzw. welchen Hersteller/Typ könnt ihr mir empfehlen?
> Gruß Stefan

Nachfolgend – aus einer Flut von Antworten darauf – eine Auswahl:

> +++
> esst halt mehr Sauerkraut dann passt's schon durch!
> Sachen gibt's …
> Benjamin
> +++
> sorry wenn ich Fehler tippe aber ich hab noch Tränen in den Augen …
> Um Dich zu beruhigen, sämtliche Toiletten namhafter Hersteller sind
> bauartgeprüft und müssen den sogenannten „Normschiss" (ja den gibt's

> wirklich) durchlassen …

> (2. Lachanfall)

> Die Größe des Durchlasses hat nicht unbedingt mit der Spülleistung zu

> tun, diese kann sogar besser sein wenn die Dimension etwas geringer ist.

> Erklärung dauert zu lang, glaub's einfach. Es sei denn? Ja es sei

> denn, deine großen Haufen wären von einer so massiven Konsistenz, daß

> nee nee nee … finaler Lachanfall, kann nicht mehr sorry gacker

> kreisch

> +++

> ACHTUNG! In Thailand stellen sie jetzt WC's für Elefanten auf!!!

> Mit Wasserspülung!

> Ist kein Witz, war bei uns in der Zeitung inkl. Foto, hab nur im

> Moment keinen Link zur Hand!

> Ansonsten würde ich mal dazu raten die Backen etwas zusammen

> zu kneifen!

> Eine gute Keramik sollte mit den Haufen von Mitteleuropäern schon

> zurecht kommen, vielleicht haut ihr einfach nur zuviel Papier mit rein!

> Mfg. me. S. Hohwiller

> +++

> Wenn ich's mir recht überlege und den Innendurchmesser des WC-Abgangs

> bedenke, so dicke Haufen (7–8cm im Durchmesser!) … da ging ich

> schon mal zum Arzt!

> Da ist die Sitzung auf'm Klo bei euch wohl eher eine „Geburt"?

> Mfg. me. S. Hohwiller, DÜW

> +++

> Alles was durch eine 1" Rosette passt,

> das passt bestimmt auch durch ein 3" Rohr …

> Hab noch niemals einen Topf gesehen, der nur durch einen Haufen

> verstopft wurde.

> Dazu muss schon was anderes rein.

> +++

> Nur zum besseren Verständnis: Es geht nicht um den Durchmesser der

> Haufen, sondern eher um deren Volumen/Masse. Einlagen von 2–3 kg sind

> bei uns keine Seltenheit! Mir ist das schon klar, das man Würste mit
> 8 cm nicht durch den Schließmuskel bekommt.
> Zudem sollte mein Beitrag nicht der allgemeinen Belustigung dienen,
> sondern war durchaus ernst gemeint.
> Stefan E.
> +++
> Tschuldigung, aber wunderst du dich? Ein Brüller jagt den anderen.
> Hasste die Sch … nu auch noch gewogen?
> (Habe mittlerweile Bauchweh vom vielen lachen).
> Benita
> +++
> Was 2–3 Kilo, kann ich nicht glauben .Glaube man will uns hier verar …
> +++
> Bei allem Ernst, aber es ist wohl einem Menschen nicht möglich Haufen
> mit 2 bis 3 kg zu schei …! Da muß man schon Blei fressen!
> +++
> Falls die Haufen ein wenig größer wären als der Durchschnitt, sollte
> man eventl. eine „Zwischenspülung" machen!
> 2–3 kg ist doch Größenwahnsinn!
> Das wäre was für's Guinnesbuch der Rekorde!
> Mfg. me. S. Hohwiller
> +++
> AUFHÖREN! BITTE! WIR KÖNNEN NICHT MEHR!
> Hier liegt schon ne ganze Abteilung flach! Gröhl!
> An den Fragesteller: Bitte mehrmals in der Woche abdrücken und nix
> ansammeln oder eine Güllepumpe kaufen!
> R. Bogner
> +++
> 3 Kilo? Das sind um es mal zu veranschaulichen 6 Pfund Hackfleisch.
> Die lass dir mal abpacken und guck Dir den Haufen an!!!
> Ich würde mir keine Gedanken um den Abfluss sondern um das
> Fassungsvermögen der Schüssel machen. In weiß nicht welche Traditionen
> bei euch gepflegt werden, aber vielleicht sollte man den monatlichen

> Klogang ja auf viele einzelne Sitzungen verteilen. Es gibt Leute die
> gehen sogar jeden Tag.
> Nee mal ehrlich, kein gesunder Mensch kackt 3 Kilo. Und dann gleich die
> ganze Familie?
> Oder wart mal, geht Ihr nacheinander und spült zum Schluß?
> Sorry wenn das ganze zur Lachnummer wird. Bin eigentlich immer bemüht
> vernünftig zu antworten und auch für allen Scheiß zu haben aber
> (Lachkrampf)
> hier gehen einige Angaben etwas an der Realität vorbei.
> Gruß Max
> +++
> Bei den Gewichten wohl eher ne Betonpumpe.
> Benita (der mittlerweile Schmerzmittel nimmt)
> +++
> Da fällt mir noch ein:
> Bei Al Bundy (ein Mitstreiter der Kilo Fraktion) gabs mal ein Klo das
> nannte sich Ferguson 1000.
> Einziger Nachteil: Wenn es gespült wird fallen in der ganzen Stadt die
> Brunnenfontainen zusammen.
> +++
> Hallo Fragensteller, welcher von den Wildecker Herzbuben bist du?
> +++
> 3 kg, ich würde gerne mal eine Volumenberechung machen, kennt jemand
> die spezifische Dichte von Sch…? *lol*
> +++
> @Benita:
> Gewogen hab ich noch keinen Haufen, eher rechnerisch ermittelt. Hab
> mich vorher auf die Waage gestellt.
> Stolze 115,4 kg, nach dem Geschäft waren es noch 113,6 kg. Das macht,
> wenn man mal vernachlässigt was ich in den 20 min rausgeschwitzt hab,
> nach Adam Riese 1,8 Kilo. Ja okay, 2–3 Kilo sind etwas übertrieben gewesen,
> ich wollte damit nur verdeutlichen, das die Haufen wirklich groß sind!
> Stefan E.

> +++
> Also bei der Dichte würde ich mal auf irgendwas in der Nähe von 1
> tippen – is doch bei fast allem so was mit Tieren und Menschen zu tun hat.
> Stefan Herzbube, was zeigt die Waage bei drei kurz hintereinander
> durchgeführten Wägungen an (ohne Schiss zwischendurch, Zeitabstand
> nur ein paar Sekunden) – Thema ‚Nachvollziehbarkeit der Messung‘
> Falls dieses 1. Experiment ermutigend verläuft, könntest du noch ermitteln
> wie viel du in 20 min verschwitzt … Hab mal was von Biogas-BHKWs gelesen,
> ausgezeichnete CO_2-Bilanz, vielleicht wär das was, wenn ihr gerade renoviert …
> +++
> Dichte = 1, mal sehen:
> 3000 g entsprechen 3000 qcm.
> 1 Zoll-Rohr
> r*r*Pi * h = 3000
> r = 1,27
> h = 600 cm (?)
> Eine 6-Meter-Wurst? Oder habe ich mich verrechnet?
> +++
> Also durch Wiegen herausgefunden?
> Mhhmmm deine Berechnung mit dem vorher nachher wiegen würde natürlich
> voraussetzen, dass du während des Geschäftes auch keinen Tropfen Pipi
> verloren hast. Meistens geht das aber zusammen ab. So dass bei
> 1,8 Kilo Gewichtsverlust durchaus 800 g Flüssigkeit dabeigewesen sein können.
> Dann bliebe noch immer ein stolzer Zweipfünder als Häufchen. Mir
> machen mittlerweile andere Dinge sorgen. Wenn du wie du sagtest einen
> Flachspüler von V&B hast, stelle ich mir gerade vor wie das Wasser
> beim Spülen gegen diesen Fels brandet. Da heißt es aber Deckel zu und zurücktreten.
> Max
> +++
> Bei diesen Volumina sind entsprechende Flatulenzen zu vermuten. Wie
> wär’s denn mit einer thermischen Nutzung derselben? Wäre doch schade
> wenn die Gase so ungenutzt entweichen! Bei der Gelegenheit würde ich
> den Brennwert gleich noch mit verwursten.

> +++

> Hallo Max, nicht den Deckel zumachen. Der haut dir ein Loch in die Decke.

> +++

> Oh Mann, der Tag ist gerettet … 3 kg im Flachspüler, das kann man doch
> nur in Etappen ‚machen' mit Zwischenspülungen. Nehmen wir mal an,
> das seien 3 Liter, bei einem W-Durchmesser von ca 4 cm, bekommt man
> eine W-Länge von 238,7 cm – unfassbar!

> +++

> Man könnte die Version aus Verkehrsflugzeugen nutzen. Allerdings
> müssten dann auch die Druckverhältnisse und die Geschwindigkeit
> stimmen. Die Kurvenlage eines in einem normalen Badezimmer auf
> 10.000 km/h beschleunigten Villeroy & Boch Flachspülers mit einem
> 115 Kilo Fahrgast oben drauf würde mich aber eher beunruhigen.
> (Endgültiger Nervenzusammenbruch, mitlesende Kundendienstmonteure
> bewegungsunfähig zusammengebrochen)

> +++

> Moin, Ist schon Klasse, bei dem Volumen im Flachspüler sitzt man
> irgendwann in der eigenen Sch…! Ich schmeiß mich hin …

> +++

> Hört auf, ich kann nicht mehr. (Bauchvorlachenhalt)

> +++

> Salut,

> Volumen einer Säule: Pi * r * r * h, h = Volumen / (Pi * r * r)

> Annahmen:

> a) Dichte 2 (Scheiße schwimmt nicht im Wasser, sondern geht sofort unter)

> b) Durchmesser einer Wurst ist der Einfachheit 2 cm

> Folgerungen:

> a) 1 kg Masse entsprechen 500 cm³ Volumen

> b) Radius ist 1 (halber Durchmesser)

> h = 500 / (3.14 * 1 * 1) = 159 cm

> Stramme Leistung, das. Gruß Jörg

> +++

> Tja da bekommt der Begriff „brauner Bomber" ne neue Bedeutung.

Wie du mir, so ich dir

oder: Wer bei andern eine Grube gräbt …

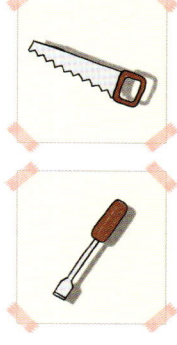

Mir fielen schon fast die Augen zu, als ich kurz vor Mitternacht das Auto in die immer noch unbefestigte Auffahrt zu unserem Haus lenkte. Als ich ausstieg und den Werkzeugkoffer aus dem Kofferraum unseres alten Kombis holen wollte, stolperte ich über Sandspielzeug, das meine Tochter liegengelassen haben musste. Wegen der fehlenden Außenbeleuchtung hatte ich es nicht gesehen. Ich fiel hin und schlug mir das Knie auf einem der größeren Steine auf, die auf dem Weg zur Haustür verstreut waren.

Nachdem ich im noch immer nicht ausgemalten, nur von einem „Russenluster" erhellten Vorraum meine Arbeitsschuhe und das mörtelbespritzte Gewand ausgezogen hatte, verschwand ich gleich unter der Dusche, um mir Kalkstaub, Farbspritzer und Holzspäne aus den Haaren zu waschen.

Als ich mich abtrocknete, kam meine Frau ins Bad, sie war gerade am Telefonieren. Sie schob den mit Wasser gefüllten Kübel neben dem Klo mit einem Bein zur Seite (der Spülkasten war schon seit eineinhalb Wochen defekt und wir mussten händisch nachspülen) und setzte sich auf das Sanitärporzellan. Für die Montage der Klobrille hatte ich bis jetzt noch keine Zeit gefunden.

„Wart kurz, Mama, ich frag ihn schnell", sagte sie in den Hörer und ließ mich wissen, dass meine Schwiegermutter sich sehr über einen Besuch am kommenden Samstag freuen würde. Einladung zum Essen inklusive. Sie würde ihren berühmten Schweinsbraten machen.

Ich frottierte gerade meine Haare und überlegte kurz, während kleine Putzbröckchen von meiner Kopfhaut auf den rohen Estrich rieselten. Kommendes Wochenende, also übermorgen Samstag, und auch der Sonntag? Da war doch was gewesen. Ach ja: „Leider. Geht nicht.

Da bin ich nicht da." – „Was heißt, du bist nicht da??? Mama, ich ruf dich gleich zurück", rief sie in den Hörer, den sie in der Zwischenzeit an ihre Schulter gepresst hatte, und legte auf.

„Was heißt, du bist nicht da? Das ganze Wochenende? Samstag und Sonntag? Wo bist du denn schon wieder?" – „Da bin ich beim Bernhard. Dem muss ich beim Übersiedeln helfen." – „Zwei Tage lang?" –

EXPERTENTIPP

„Hausbau mit Familie und Freunden"

Wenn Sie planen, sich bei der Errichtung Ihres Eigenheimes von Familienangehörigen und/oder Freunden helfen zu lassen, dann sollten Sie bedenken, dass

- diejenigen, die bereitwillig, gern und freudig zum Helfen zu Ihnen kommen, eventuell auch einmal sesshaft werden und dann erwarten, dass Sie „zurückhelfen".
- man/frau dann im schlimmsten Fall nichts vom eigenen fertigen Haus hat, weil man/frau jede freie Minute auf Baustellen bei Freunden oder Familienangehörigen verbringt, die einem damals auch geholfen haben.
- Freunde oder Geschwister, die ein Handwerk erlernt haben, wahrscheinlich lieber auf Baustellen helfen, wo der Bauherr am Ende des Tages zum Geldautomaten fährt, und nicht zur Tankstelle, um ein paar Bier zu holen.
- Freunde, die bis zum Arbeitseinsatz auf der Baustelle als schwerstes Gewicht 100 Blatt Kopierpapier im Büro gestemmt haben, nach einem halben Tag Schalungstafeln-Schleppen für drei Monate in Physiotherapie gehen müssen und von da an einen großen Bogen um Ihre Baustelle machen werden.
- manche nach zwei Stunden Arbeit eine Stunde Pause und/ oder ein Sauerstoffzelt benötigen, vor allem dann, wenn sie Studenten und starke Raucher sind.
- übermotivierte und übergewichtige Angehörige rechtzeitig vor einem Herzinfarkt oder einem Hitzschlag eingebremst werden sollten.
- der Hinweis auf baustellentaugliche Kleidung unerlässlich ist. Andernfalls tanzen die Blutsver- ➤

„Ja, der muss seine Möbel von seinen Eltern aus Oberösterreich holen, und da braucht er meine Hilfe. Ganz allein kann er ja wohl schlecht den uralten Bauernkasten hinuntertragen." – „Hat der nicht einen Bruder?" – „Der hat sogar zwei. Aber die helfen schon woanders." – „Na super, dass ich das auch schon erfahre, dass du dir zwei Tage einen Lenz in Oberösterreich machst", tobte meine Frau. „Von Lenz kann keine

wandten in Sandalen oder Espandrillos an und klagen abends über gequetschte Zehen.

- manche „Helfen" mit „Biertrinken" verwechseln und die Baustelle als großen Abenteuerspielplatz betrachten.

- man/frau als Bauherr/Bauherrin nicht mit jeder Helferpartie bis zum Morgengrauen feiern sollte, weil das Arbeiten am nächsten Tag mit dickem Kopf und flauem Magen eine einzige Qual ist. Die ebenfalls verkaterten Helfer liegen dann noch in ihren Betten.

- alle Helfer entsprechend verköstigt werden wollen, wobei es aber dann mühsam wird, wenn sich bei der schnellen Eingreiftruppe Vegetarier, Veganer oder Allergiker zum Essen niederlassen.

- die Kombination „Käseleberkässemmel und Dosenbier" nur an zwei aufeinander folgenden Tagen gereicht werden sollte, weil es sonst bei manchen zu Appetitlosigkeit und damit zu

Arbeitskraftverlust kommen kann.

- die Größe der kredenzten Portionen genau beachtet werden sollte, vor allem dann, wenn noch Tätigkeiten anstehen, die überwiegend in gebückter Haltung durchgeführt werden müssen.

- je besser die Jause ist, die Helfer umso lieber und öfter kommen, dabei aber das Arbeiten zur Nebensache wird.

- man/frau eine ausgewogene Mischung aus inkompetenten aber freundlichen und kräftigen Nicht-Auskennern und erfinderischen und geschickten Fachleuten zusammenstellt, aber keiner mitkriegen sollte, zu welcher Gruppe er gehört.

- jeder helfende Familienangehörige oder Freund gerne wissen will, warum man/frau gerade hier eine Wand oder gerade dort ein Fenster braucht. Solche Erklärungen nehmen viel Zeit in ➤

Rede sein", antwortete ich. Wutentbrannt stürmte sie aus dem Bad und fiel dabei fast über den Fleckerlteppich vorm Waschbecken.

Bei der anschließenden Mitternachtsjause fing sie wieder von vorne mit dem Thema an: „Wieso musst du dem Bernhard eigentlich helfen? Hat der wirklich niemand anderen?" – „Weiß ich nicht. Aber er hat uns ja auch geholfen, wie wir gebaut haben, oder nicht?" – „Ja, schon", gab sie zu.

Um meine Argumente zu untermauern, kramte ich aus dem Wohnzimmerschrank, der vor zwanzig Jahren mein Kinderzimmerkasten gewesen war, die Beweisfotos für Bernhards Arbeitseinsatz. Darauf war zu sehen, wie er sich mit nacktem Oberkörper, eine Dose Bier in der einen, eine Wurstsemmel in der anderen Hand, lachend im Gras wälzte. Die Julisonne hatte seine Vorderseite schon dunkelrot gefärbt. Im Hintergrund konnte man einen großen Stapel Schalungstafeln für den

<u>EXPERTENTIPP</u> FORTSETZUNG

Anspruch. Ein Profi fragt nicht viel, der machts einfach.

- man/frau vor allem die Familie in seine Vorhaben einweiht, aber nicht alle Details preisgeben oder wegen jeder Kleinigkeit Auskünfte einholen sollte, weil man/frau sonst nicht sein/ihr eigenes Traumhaus baut, sondern das seiner/ihrer Ursprungsfamilie. Das kann doppelt kompliziert werden, weil es bei hausbauenden Paaren im Regelfall ja zwei Herkunftsfamilien gibt.
- manche Sachen so umgesetzt werden, wie es dem Helfer gefällt und nicht so, wie man/frau als Bauherr/Bauherrin das

gerne hätte. Beim Profi von der Baufirma fällt es leichter, ihn zum Aktivieren der Abrissbirne aufzufordern als beim eigenen Vater oder Onkel.

- misslungene Arbeiten Familiendramen auslösen oder Freundschaften zerbrechen lassen können. („Seit dem Pflastern reden wir nicht mehr miteinander." „Die Beziehung zu meiner Familie ist nur mehr Fassade. Und zwar buckliger Reibputz.")
- die meisten nur am Wochenende Zeit haben, und die wenigsten bereit sind, nach Feierabend bis Mitternacht oder im Urlaub zu schuften (engagierte, ener- ➤

Keller erkennen, vor dem ich gebeugten Hauptes Aufstellung genommen hatte.

„Da, bitte. Er war da. Auf der Baustelle. Da ist es ja wohl das Mindeste, dass ich mich dafür revanchiere, oder?", fragte ich. „Revanchieren? Fürs Halbnackt-im-Gras-Liegen ist es jetzt aber zu kalt, wir haben Ende November!" Meine Frau wollte danach nichts mehr von Bernhard und alten Bauernkästen hören.

Stattdessen musste ich, endlich im Bett liegend, ausführlich von meinem soeben beendeten Arbeitseinsatz berichten und erklären, wo ich so lange gewesen war. Das war gar nicht so einfach: Ein Arbeitskollege eines Freundes war gerade am Umbauen seines äußerst günstig erworbenen Bauernhauses im Waldviertel. Dieser Arbeitskollege hatte keine Freunde, dafür aber zwei linke Hände, was das Arbeiten am Bau anging. Mein Freund schuldete ihm noch einen Gefallen. Irgendetwas

giegeladene Väter sind da die rühmliche Ausnahme!)
- alle auf ein Richtfest und/oder auf eine Hauseinweihungsparty eingeladen werden wollen.
- man/frau in seinem/ihrem eigenen Haus an jeder Ecke von Familie und Freunden umgeben ist, und manche im Falle eines Besuchs gerne und oft darauf hinweisen, dass sie diesen Boden verlegt, diese Decke gespachtelt oder diese Wände verputzt und gestrichen haben.
- man/frau, wenn man sich wirklich einmal dazu hinreißen lässt, heikle Arbeiten von konzessionierten Fachkräften durchführen zu lassen, sich mit Sicherheit anhören kann, dass Familienangehörige wie der Pepi-Onkel das so aber auch, wenn nicht schöner und günstiger sowieso hingekriegt hätten.
- Väter nach zwölf Stunden intensivster Arbeit auch noch die Energie aufbringen, um noch schnell die Terrassenfundamente zu betonieren, während man/frau selbst schon nur mehr in die Badewanne und ins Bett will.
- man/frau einen Menschen, den man gern hat, in einer Ausnahmesituation kennenlernt, was eventuell zu Irritationen führen kann.

mit einer Autoreparatur, die er fast gratis vermittelt bekommen hatte, aber so genau hatte ich das nicht mitgekriegt. Und weil mein Freund auch bei mir damals auf der Baustelle ausgeholfen hatte (was er genau gemacht hatte, weiß ich nicht mehr, ich fand auch keine Fotos davon), stand ich in seiner Schuld. So wurde ich von ihm fürs Arbeiten bei einem mir völlig Fremden verdonnert, aber jetzt waren wir quitt. Urlaubsanspruch hatte ich für den Rest des Jahres zwar keinen mehr, aber das war mir in dem Augenblick egal. Wofür gab es denn die Wochenenden?

„Zum Beispiel dafür, um bei meiner Mutter gemütlich einen Schweinsbraten zu schmausen und wieder einmal Zeit mit seiner Familie zu verbringen!" Wieder meine Frau. Ich musste wohl im Halbschlaf laut geredet haben. Sie zündete die Kerze am Nachtkästchen an, stützte sich auf einen Ellbogen und funkelte mich herausfordernd an. „Übrigens: Schreck dich nicht, wenn du deine Tochter morgen siehst und sie dir nicht entgegenkrabbelt. Sie kann mittlerweile schon gehen. Aber weil du dich ja permanent auf anderen Baustellen herumtreibst, entgehen dir die wichtigen Dinge, die sich in deiner Familie so abspielen." – „Familie. Ein gutes Stichwort", antwortete ich. „Bei meinem Bruder und bei deinem Onkel stehen demnächst auch gröbere Arbeiten an!"

Auch diese beiden waren bei mir fleißig gewesen und hatten mir, als sie meine Baustelle damals nach einem halben Tag verließen, zugeraunt, dass sie auch schon bald „was in Angriff nehmen" würden. Ob sie da auf mich zählen könnten?

Aus lauter Dankbarkeit für ihre Hilfe hatte ich damals zugesagt, allerdings hatte ich nicht ahnen können, dass der eine sein Haus quasi völlig entkernen und neu aufbauen, und der andere ein Wochenendhaus in Salzburg renovieren würde.

„Die nächsten drei Monate bin ich ausgebucht. Da ist jede freie Stunde voll. Danach könnt sich was ausgehen", ließ ich meine Frau wissen, die mich gefragt hatte, wann ich denn wieder was anderes machen würde, als auf fremden Baustellen auszuhelfen. „Ist gut, ich sag meiner

Mutter, sie soll den Schweinsbraten so lang warm halten!" Damit blies sie die Kerze aus, zog sich die Decke über den Kopf und murmelte etwas von noch fehlenden Elektro- und Heizungsinstallationen in den Schlafzimmern. „Wieso? Die Lichtschalter hat der Fritz ja eh schon montiert", hielt ich dagegen. „Siehst, da fällt mir ein, der Fritz möchte kommende Woche sein Motorboot abschleifen. Da soll ich ihm auch kurz helfen."

Eisiges Schweigen vom westlichen Ende des Ehebettes war die Antwort. Es ließ die ohnehin schon frostige Zimmertemperatur noch um ein paar Grad sinken.

In Gedanken ging ich vor dem Einschlafen meine noch ausständigen Arbeitseinsätze durch. Wo musste ich zurück helfen? Bei wem mich revanchieren?

Gleiches lediglich mit Gleichem zu vergelten, das verbot das ungeschriebene Gesetz, der zwei Punkte umfassende Zurückhelfer-Ehrenkodex. Punkt Eins besagt: „Leiste immer mehr, als bei dir geleistet wurde." Und Punkt Zwei: „Keine Leistung darf unbeglichen bleiben."

Ein Motorboot händisch vom Lack zu befreien war nur würdig und recht als Vergeltung für eine einstündige Lichtschalter-Montage. Das Einreißen von vier Wänden inklusive Schuttabtransport im eigenen Familienkombi als Revanche für das Schaufeln von Sand? Okay! Schleppen von Möbeln für das Einölen von Schalungstafeln? Das war der übliche Wechselkurs an der Helfer-Börse!

Es war noch viel zu tun. Bei mir zu Hause, aber vor allem bei meinen damaligen Helfern.

Da kam mir eine Idee: Wenn ich den Kodex ganz streng auslegen würde, dann entstünde durch mein Zurückhelfen beim anderen wiederum die Verpflichtung, sich für die Revanche zu revanchieren. Es wäre demnach nur logisch, mit dem einen oder anderen für eine gewisse Zeit die Baustellen zu tauschen: Er macht mein Haus fertig, und ich seines. Eigentlich könnten wir bei der Gelegenheit auch gleich die Schwiegermütter tauschen. Ich nahm mir vor, diesen Vorschlag schon bald meiner Frau zu unterbreiten und schlief völlig erschöpft ein.

„JEDER MANN BRAUCHT SEINEN KELLER"

Martinraum-Mania

oder warum ein Keller manchmal kein Segen ist

Als ich meinen Mann kennen lernte, erkannte ich sehr bald, dass er außer mir noch andere Leidenschaften hatte. Zum einen war da Bayern München, die Fußballmannschaft aus Deutschland und zum anderen alles, was mit Ferrari zu tun hatte.

Das war auch der Zeitpunkt, wo ich zum ersten Mal einen Fanartikelkatalog in den Händen hatte. Unglaublich, was ich alles entdeckte. Von der Ferrari Zahnbürste bis zur Bayern München Unterhose war alles käuflich.

Als Martin sich erst einmal geoutet hatte, verging kaum eine Woche, in der er nicht irgendwelche Sammelobjekte aus seinem früheren Zuhause oder von diversen Fanshops in unsere gemeinsame Wohnung brachte.

Nach einiger Zeit war alles übersät mit rotblauen und roten Schaustücken. Haufenweise standen Ferrarimodelle auf meinem Bücherregal. Wenn ich Lesematerial holen wollte, schrie mein Mann auf, ich solle doch aufpassen, nichts berühren, kein Buch umstoßen, nur mit zwei Fingern auf das Regal tippen und am besten das Buch dort lassen, wo es ist.

Meine kleine Tochter machte einmal den Fehler, ein solches Modell genauer zu untersuchen und es dann als Barbie-Fahrzeug zu verwenden. Daraufhin musste der Haussegen eine Woche lang gerade gebogen werden.

Mit der mir angeborenen Toleranz akzeptierte ich diese Marotten meines geliebten Göttergatten und dachte mir, dass er das sprichwörtliche Kind im Manne einfach offensichtlicher als andere auslebt. Das Positive daran war, dass das Wort Staubwischen für mich keine Bedeu-

tung mehr hatte, weil ich ohnehin mit keinem derartigen Gerät in die Nähe der geheiligten Stücke kommen durfte.

Der Ernst der Lage wurde mir aber erst so richtig bewusst, als ich eines Abends nach Hause kam und meinen Mann ganz in Lila vorfand. „???" Lila Sporthose, lila T-Shirt, lila Schal, lila im Fernsehen. Austria Wien betritt gerade ein Fußballspiel. Die wenigen zusammenhängenden Worte, die ich aus meinem Mann herausbrachte, ergaben, dass zu allem anderen auch eine geheime, bisher noch nicht entdeckte, aber überaus latente Leidenschaft zu allen lila Austria Dingen existierte. Aller guten Dinge sind eben immer noch Bayern München, Ferrari und Austria Wien.

Das durfte aber doch nicht wahr sein. Bisher hatte ich in aller Eintracht mit den verschiedenen roten und rotblauen Relikten gemeinsam gewohnt. Ich hatte mich an die Autos auf der Stereoanlage, an die Schals über dem Fenster, an die Bayern München Jacken, die Ferrari Rucksäcke, die Handtücher, das Bettzeug, ja sogar an die Bayern München Weihnachtskugeln gewöhnt. Aber lila? Nein! Lila ist meine absolute Antifarbe. Das konnte so nicht weitergehen.

Zu diesem Zeitpunkt entschlossen wir uns, „Ja" zu sagen zu unserem Traumhausbau.

Während der Planungsphase für unser neues Haus erstellten wir ein Raumbuch.

Das heißt, wir definierten alle von uns gewünschten Räume hinsichtlich Größe, Lage und Ausstattung.

Hier tauchte zum ersten Mal der so genannte „Martinraum" auf. Ein Raum, in dem mein geliebter Mann alle seine gesammelten und auch zukünftigen Exponate lagern konnte.

In Anbetracht meiner Lebensqualität und der auf mich wirkenden Farben in unserem neuen Haus fand ich die Idee wirklich gut. Also planten wir 15 m^2 als Fanartikel-Stauraum ein.

Beim nächsten Planungstermin rückte Martin mit der Idee heraus, wir könnten doch seinen Sammlerraum mit der Funktion eines Kellerstüberls verbinden. Was natürlich zu Folge hatte, dass eine kleine Bar eingeplant werden müsste. Mit Kühlschrank selbstverständlich.

Daher sollten wir diesen Raum ein bisschen größer planen, damit wir dort auch Gäste empfangen könnten. Von meiner Seite gab es nichts dagegen einzuwenden. Zumal auch unser Planer mich darin bestärkte – Multifunktionsräume sind einfach besser.

Als wir eines Abends in unserer Wohnung auf der Couch entspannten, meinte Martin so nebenbei, dass wir diese Wohnzimmercouch – die ja im Übrigen noch ziemlich neu sei – in unserem neuen Haus für seinen Raum verwenden könnten. Es wäre ja schade, sie zu entsorgen und im geplanten Wohnzimmer würde sie ja sowieso nicht passen.

Nur – wir müssten den Martinraum um ein kleines bisserl größer planen. Mittlerweile waren wir bei 25 m² für den Fanraum.

Einen Monat später kam mein Mann nach Hause mit glänzenden Augen und einer Dreimeterstange im Schlepptau. Er erklärte mir, dass dies eine Beamerleinwand sei, die er im Ausverkauf günstig erstanden hätte. Sie würde absolut toll in seinen zukünftigen Raum passen. Und wenn wir erst einmal einen Beamer hätten, könnten wir uns Filme wie im Kino anschauen.

Dass wir seinen Raum noch etwas vergrößern müssten, wäre sicher kein Problem.

Es war wirklich gut, dass unser Planer einen Schlussstrich zog und wir die endgültigen Maße festlegen mussten. Sonst wäre am Ende das gesamte Kellergeschoß inklusive Technikraum zum Martinplatz erklärt worden.

Martins Raum maß mittlerweile 50 m², hatte eine eigene Terrassentür, eine Bar mit Kühlschrank, Fußbodenheizung, Wohnraumlüftung, drei Lichtquellen und eine Beamerleinwand.

Als die Fundamentplatte betoniert war und wir die Baustelle besichtigten, hüpfte mein Mann wie ein kleiner Bub in seinem zukünftigen Raum umher und erklärte mir, welche Modelle in welchem Regal stehen würden und wo die Barcardiflasche ihren Platz hätte.

Als Martin nach Fertigstellung des Kellers meinte, dass der wichtigste Teil des Hauses jetzt bereits vorhanden sei, hielt ich das für einen seiner üblichen Scherze.

Beim Einzug in unser Traumhaus konnte ich zum ersten Mal das Ausmaß der gesammelten Werke für den Martinraum erahnen. Das Lieferauto fuhr allein fünf Mal mit Exponaten, Kisten, Schachteln und anderen Relikten, die mein Mann für den Martinraum bestimmt hatte.

Vorerst wurde alles vorsichtig gestapelt, teilweise verpackt in Kisten, teilweise offen und ungeschützt. Daher gab es auch einen mittleren Fa-

EXPERTENTIPP

„Der richtig geplante Wohnkeller"

„**Mein Haus** bekommt ein Büro für mich!", sagt er, „Ich möchte in **meinem Haus** einen Kreativraum für mich!", sagt sie. Der umsichtige Hausplaner hört lieber „**Unser Haus**" – es ist ja auch ein gemeinsames Lebenswerk!

Wenn die Baufrau und der Bauherr jeweils einen eigenen Raum bekommen, kann dieser, um Fläche und Kosten zu sparen, auch im Untergeschoß (so nennt man/frau dann den hellen, wohnlichen Keller) sein. Wenn dieses wohlige und warme Untergeschoß eine entsprechende Raumhöhe, eine gute Wärmedämmung sowie eine Fußbodenheizung hat, fühlen Sie sich vermutlich schon recht wohl. Um Tageslicht in diese Räume zu bringen, können Sie größere, gut gedämmte Wohnraumfenster (auch Oberlichtfenster) zu einer schrägen Böschung im Garten, statt zu einem Plastik-Lichtschacht, einbauen. Dadurch erhalten Sie hier wirklich einen tollen, multifunktionellen Bereich und können dadurch das Erdgeschoß samt Obergeschoß kleiner bauen.

Dieser Wohnkeller muss natürlich absolut dicht gebaut werden, im Zweifelsfall gleich als Dichtbetonkeller lt. Norm. Für ein angenehmes Raumklima sollten jedoch die Zwischenwände aus Ziegel und nicht aus Beton bestehen, da Ziegel die Luftfeuchtigkeit besser regulieren können. Die gut gedämmten Stahlbeton-Außenwände sollten Sie auch raumseitig noch mit einer dünnen Dämmung versehen, da Beton die Wärme „schluckt" (aufnimmt und weiterleitet) und daher die Oberflächentemperatur unbehaglich sein kann. Wenn die Aufenthaltsräume auch noch an die Fußbodenheizung sowie die Wohnraumlüftungs-Anlage angeschlossen werden, haben Sie mit überschaubaren Mehrkosten vollwertige Wohnräume geschaffen!

milienkrieg, als mein Schwiegervater eine Wand abrieb und der Staub in alle Ritzen und Spalten der geliebten Modelle kroch. Mein Mann warf mir unter anderem vor, warum ich meinen Schwiegervater mit den wertvollen Modellen allein gelassen hätte. Die Krise ließ sich jedoch mit viel Druckluft und einer geduldigen, arbeitsamen Schwiegermutter wieder beseitigen.

Schön langsam richteten wir uns in unserem neuen Haus ein. Die Räume wurden immer gemütlicher und wohnenswerter.

Im Martinraum entstanden nach und nach die Bar, Regale, Beleuchtung, ein Beamer, die obligate Wohnzimmercouch und ein 10 cm² Stück verdorrter Rasen von der letzten WM.

Ein echter Formel 1 Reifen gab dem Raum die besondere Note. Und als mein Mann zu Weihnachten den Tormann Kahn in Barbie-Ausführung mit Reserve-Dress erhielt, bekam er wirklich feuchte Augen.

Zu den letzten Errungenschaften zählen ein Bayern München Fußballtisch und ein lebensgroßer Pappendeckel-Schumi.

Ich genoss es ungemein, dass mein Blick in keinem wichtigen Teil unseres Hauses durch die roten, rotblauen und lila Exponate gestört wurde.

Nach einiger Zeit war es soweit, der Raum wurde eingeweiht. Mein Mann lud einige Freunde ein, sich mit ihm ein Formel 1 Rennen anzusehen. Darunter war auch unser Tischler.

Mit Folgen. Als mich mein Mann zwei Wochen später in seinen Raum hinunter holte und mich stolz fragte: „Na, was sagst du?", wusste ich erst nicht, was genau er meinte. Dann sah ich ES. Ein Gebilde aus Holz, das ähnlich einem oben offenen Sarg mit Blickrichtung auf die Beamerwand auf dem Boden stand. Als ich Martin fragte, wozu dieser Verschlag gut sei, erwiderte er mit Augenrollen und einem genervten Seufzer, das dies ein Formel 1 Auto darstellen sollte. Und er hätte jetzt ein Lenkrad und Pedale und könne das Computerspiel damit viel spannender machen. Und dass nur unwissende weibliche Lebewesen wie ich nicht sofort erkennen würden, dass es sich hier um die Andeutung eines Ferrariboliden handle.

Es bürgerte sich ein, dass Martin jedes Monat Freunde zu einem gemeinsamen Rennen, Fußballspiel oder einfach so in seine Räumlichkeiten einlud. Dies ging meist ganz gesittet vonstatten. Mit der Zeit wurden diese Besuche jedoch häufiger. Man traf sich zum Playstation-Spielen, zum Diskutieren, zum Fußball schau'n. Irgendeinen Grund gab es immer. Auch die Besucher veränderten sich. Waren es früher einfach seine Freunde gewesen, so kannte ich die Leute teilweise nicht mehr, die hier ein- und ausgingen.

Kam ich nach Hause, erahnte ich an der Anzahl und Beschaffenheit der Schuhe im Vorraum, wie die Klientel im Keller aussah.

Fast immer waren es männliche Besucher. Auch die Verweildauer der Gäste war jetzt anders.

Waren es früher ein paar Stunden gewesen, die die Gäste bei uns im Keller mit meinem Mann verbracht hatten, so dehnten sich die Sitzungen mittlerweile – je nach Arbeitszeiten meines Mannes – auch auf Tage aus. Mein Mann kam zwischendurch immer wieder mal an die Oberfläche, meist um Nahrung aufzunehmen und mich beschwichtigend zu tätscheln.

Die Anzahl der Besucher vervielfachte sich bei besonders wichtigen Dates, wie z. B. das letzte Formel 1 Rennen der Saison oder ein besonders wichtiges Fußballmatch.

Dann konnte es schon vorkommen, dass ich den ersten freien Parkplatz mehrere hundert Meter weit weg von zuhause fand.

So teilte sich unsere Familie in die vom Underground und die von oben.

Die Zeit verging und unser Haus war ziemlich fertig. Also reichten wir für die Kollaudierung ein. Der Herr Bürgermeister meinte, bevor man in dieser Hinsicht zur Tat schreite, müsse er höchstpersönlich den berühmten Raum inspizieren, von dem der ganze Ort bereits spricht.

Gesagt, getan. Eine Woche später erschien eine ganze Delegation bestehend aus dem Bürgermeister und einigen anderen Mitgliedern des WVC – des Weinvernichtungsclubs. Im Schlepptau hatten sie noch

zwei Herren vom Dorferneuerungsverein, die sich diese neue Verschönerungsidee ansehen wollten.

Sie kamen, besichtigten kurz das restliche Haus und gingen dann in medias res. Nach einer ausgedehnten Sitzung von mehreren Stunden tauchten die ersten Mannen beschwingt aus dem Keller auf. Sie hätten beschlossen, künftige Sitzungen des WVC im Martinraum abzuhalten.

Außerdem sei heute auch der BVC, der Biervernichtungsclub gegründet worden, dessen Vorsitzender mein Göttergatte sei.

Und weil sie grade so schön beschlussfähig gewesen wären, hätten sie dem Ansuchen meines Mannes für drei Fahnenmasten stattgegeben.

Kurz darauf erklärte mir mein Mann, dass er jetzt auch noch Eishockey-Fan werden wolle, und er hätte sich überlegt, dass das Zimmer nebenan sowieso nicht oft benützt würde.

Man könnte doch einen Durchgang schaffen und es wäre Platz für all die neuen Sammlerstücke. Mit diesem Worten zog er einen Plan samt Kostenvoranschlag aus der Tasche. Meine Begeisterung hielt sich natürlich in Grenzen. Aber nachdem mein Gatte mir eine lang ersehnte Reise nach Australien versprochen hatte, stimmte ich dem Martinraum-Erweiterungsvorhaben letztlich zu.

Ein Fehler, wie sich herausstellen sollte.

Zur Einweihungsfeier der vergrößerten Reliktausstellungsfläche lud mein Liebling außer unzähligen Arbeitskollegen, dem halben Ort auch einige seiner früheren Schulfreunde ein.

Da nicht alle gleichzeitig Platz hatten, dauerte das Fest drei Tage, die Besucher im Keller wechselten, mein Mann blieb.

Weil das Platzangebot jetzt richtig gut war, kam ich auf die Idee, die Räumlichkeiten auch einmal für meine kleine Feier zu nützen. Ich lud ein paar Freundinnen ein und wir ließen eine echt coole Damenparty abgehen. Am nächsten Tag nahm mich mein Mann beiseite und erklärte mir nach einigem Drumherumreden, dass ich das besser nicht mehr machen sollte.

Er begründete dies mit einem lakonischen „Martinraum sei Männersache und Frauen seien allgemein unerwünscht, weil sie das Wesen dieser Räume sowieso nicht verstünden".

Mittlerweile war unser Keller so oft von Besuchern der männlichen Art bevölkert, dass auf der Kellerstiege schon ein Trittpfad sein musste. Sobald mein Mann nach Hause kam, klopfte es und das Kommen und Gehen hatte kein Ende. Zumindest so lange nicht, bis mein Mann wieder zur Arbeit ging.

Damit die Freunde den Vergnügungen auch frönen konnten, wenn Martin außer Haus war, hatte er inzwischen eine Art Zutrittscode vergeben, der Männern seines Vertrauens unbeschränkten Zutritt zu seinen Räumlichkeiten erlaubte. Um den mittlerweile unglaublichen Besuchermassen Herr zu werden, erwog er bereits die Installation eines Drehkreuzes mit kostenpflichtigem Eintritt zur Finanzierung der Spirituosen, Knabbereien und Pizzen.

Im Haus war es kaum mehr auszuhalten. Ständig klopfte es an der Tür, klingelte eins der Handys, stapften Leute von unten nach oben und wieder runter. Manche verirrten sich auch ins Obergeschoß oder irrten im Garten umher.

Als es schließlich keine ruhige Minute, kein ruhiges Plätzchen mehr gab und ich eines Morgens einen fremden Mann im Bett neben mir vorfand, wurde mir die Lösung des Problems schlagartig klar. Ich zog aus und ließ die Martinraum-Mania samt Martin hinter mir.

Ganz sicher wusste ich eins: Das nächste Haus würde ich ohne Keller bauen.

„DER GROSSE ANDRANG"

Die Frau am Bau

und ihres Gatten Leistungen

Mein Mann arbeitet bei der Eisenbahn
und ist im Dienst, wann immer er kann.
Einmal am Abend und einmal am Morgen,
so kann er tagsüber manches besorgen.
Ich selbst hab „normale" Zeit im Büro
mit Stress, Verantwortung, Mühe und so.

Ich kenn viele Leute rund um das Bauen,
so hatte mein Mann zu mir das Vertrauen.
Du wirst das Ganze schon richtig machen
mit Angeboten und all diesen Sachen,
Preise verhandeln, Termine festlegen.
Natürlich musst du mir Infos geben.
Und ich will bei den wichtigen Dingen
auf jeden Fall meine Meinung einbringen.

Also gut, dann geh'n wir's gleich an,
Baufirma zuerst und der Zimmermann.
Ausschreibungen waren auch gleich geschrieben,
doch wo sind die vielen Offerte geblieben?
Der eine braucht länger, der andere kann nicht,
der Dritte bekam keine Post zu Gesicht.
Das alles dauerte viel zu lang,
ganz ungeduldig war schon mein Mann.

"AUSSCHREIBUNGEN UND ANGEBOTE"

Das bisschen Telefonieren, Terminisieren,
Verhandeln von Preisen, Mit-dem-Kopf-dabei-Sein
kann doch nicht so schlimm sein,
denn das muss doch drin sein.
Das bisschen Arbeit in deinem Job –
im Gegensatz dazu mein Stress auf der Lok!

Du hast doch all' diese guten Kontakte.
Also schau drauf, dass wir nicht nur beknackte
Anti-Professionisten erwischen,
die uns vielleicht einen Blödsinn auftischen.
Wir haben besprochen, verhandelt, geplant.
das Machbare und Utopien erkannt.
Aus Traum wurde Wirklichkeit nach und nach,
und endlich war alles unter Dach und Fach.

Läuft einmal etwas nicht ganz nach Plan,
das Telefon läutet, es ist mein Mann.

"...ICH KÖNNTE IHN ZUM MOND SCHIESSEN!"

Warum geht das nicht einfach so wie besprochen?
Das muss doch so sein, da musst du drauf pochen!
Dein so genannter kürzlicher Einfall
ist in der Praxis ein echter Reinfall.
Jeder sagt mir andauernd mit mildem Lachen,
was Ihre Gattin sich vorstellt, lässt sich nicht machen.

Ich bin der Laie, warum fragen die mich?
Geplant hast das du, deshalb hoffe ich,
du weißt, was du tust,
denn ich hab keine Lust
mich andauernd zu ärgern,
darum würde ich sehr gern
im Büro wie du sitzen
anstatt hier zu schwitzen.

Warum kommt da keiner, wenn ich ihn brauch?
Geh', ruf dort gleich an und sag denen auch

dass es so nicht geh'n kann,
es gibt doch den Bauplan.
Du musst dich da wehren,
darfst nicht auf die hören.
Du bist vom Fach und kennst diese Leute,
für mich ist das alles die gleiche Meute.

Das Fenster vom Keller sitzt viel zu tief,
die Mauer beim Eingang ist wirklich schief.
Komm sofort her und lös' das Problem.
Mach' es dir nicht hinter'm Schreibtisch bequem.
Für dich ist das nur eine Kleinigkeit,
für mich hier am Bau stiehlt das wertvolle Zeit.

Hast du vergessen, was ich von dir wollte?
Dass der Glaser um zehn Uhr da sein sollte.
Es ist schon halb elf, so tu bitte was!
Ich warte schon lang, das macht keinen Spaß.
Also war ich verantwortlich für alles und jedes,
für die Laune des Maurers, das Wetter und geht es
doch einmal gut, was ja auch geschieht,
dann nur, weil mein Mann nach dem Rechten sieht.

So organisiere ich, telefoniere ich,
koordiniere ich, stresse mich fürchterlich.
Und ich verliere mich in vielen Dingen,
die Bau-Ungereimtheiten mit sich bringen.
Denn eins ist das Wichtigste jetzt auf Erden,
unser Bauzeitplan muss gehalten werden.

Zement braucht mein Mann heut' zum Betonieren,
und morgen soll jemand das Eisen herführen –
Und Gattin, warum hast du nicht dran gedacht,

dass jemand die Abmessung sagt von dem Schacht?
Die Elektriker kommen früh am Morgen,
da musst du noch schnell die Pläne besorgen.

Hast eh' nix zu tun, außer ein paar Telefonaten,
während ich erschöpft hier herumsitz' im Schatten.
Heut musst du beweisen, wie ernst es dir ist.
Zeig, dass du mich endlich einmal unterstützt.
Dich sieht man hier nie, alles mach ich allein.
Das bisschen Putzen kann so schwer doch nicht sein!

Die sagen, das kostet ein paar Tausend mehr.
Das kann doch nicht sein, fahr' jetzt sofort hierher.
Und ruf deren Chef an, der soll auch gleich kommen.
Ich hätt' dem längst schon die Schneid abgenommen.
Das zahl' ich ihm nicht, was hast du verhandelt?
Hat der vielleicht mit dir angebandelt?

Die Nerven sind blank,
wir werden noch krank,
doch Gott sei Dank
gibt's unser'n Herrn Plank.
Für Aufsicht und die Begleitung beim Bauen
ist er ein Partner, dem wir vertrauen.
Sehr oft fungiert er als Mediator
und manchmal auch als Eheberater,
zwischen den Fronten ein ruhender Pol,
sehr gut informiert und verständnisvoll.

Und endlich nach neun langen Monaten Bauzeit
ziehen wir ein, mit dem Stress ist Schluss heut.
Als wir erschöpft in den Sesseln lehnen,
vergisst mein Gatte nicht, dies zu erwähnen:

Der Einzige, der auf der Baustelle war,
das war immer ich, das ist hoffentlich klar.
Denn statt wie ich nur am Bau zu steh'n,
war's für dich im Büro sehr bequem.
Ich hab' dir doch fast alles abgenommen,
mit mir hast im Lotto den Sechser gewonnen.
Und eines weiß ich bis heut' nicht genau:
Was macht sie wirklich, die Frau am Bau?

„WAS FÜR EINE FRAGE, WER DIE MEISTE ARBEIT MACHT..."

Mein ganz privates Ziegelmuseum

Wie man Artenschutz auch auf
der Baustelle betreiben kann

D er Volksmund des Ost-Österreichers, von dem wir wissen, dass er zwar oft treffend, aber nicht immer politisch korrekt formuliert, hat für eine Dame von weniger attraktivem Äußeren eine despektierliche Bezeichnung übrig: „Ziegel" – noch drastischer meist als Wortpaar „schiacha Ziegel" verwendet.

Ich halte das für menschlich verurteilenswert, vor allem aber für ungerecht. Nicht nur aber auch dem Ziegel gegenüber. Denn – ich gebe es offen zu – ich bin ein Freund des Ziegels. Wobei ich bei „Ziegel" wirklich „Ziegel" meine. Also nichts aus Beton, Lava- oder sonstigen Gesteinen. Nein, eine ästhetisch-herzliche Beziehung kann ich nur zu einem klassischen rotgebrannten Ziegel aufbauen, einem ziegelroten Ziegel eben.

Die Vielfalt dieser baumateriellen Spezies ist unüberschaubar, kaum einer, der die Arten gezählt hat, geschweige denn, alle ihre Formen und Funktionen zu unterscheiden weiß. Da tummeln sich Dachziegel, Pflasterziegel, Klinker, Schamottziegel, Strangdachziegel, Pressdachziegel, Hochlochziegel, Deckenziegel, Ziegelüberlager, Langlochziegel, Vormauerziegel und noch viele mehr auf den Baustellen dieser Welt. Und nicht nur ihre Form ist unterschiedlich, ihre Funktion ist es ebenso. Wobei wir uns auch ruhig von der eigentlichen Bestimmung des Ziegels als Wandaufbau, Boden- oder Dachdeckung wegbewegen können. Der Ziegel hat auch andere Funktionen. Ich erinnere mich mit Wehmut an mein studentisches Bücherregal in der 36-Quadratmeter-Substandartwohnung. Es bestand aus zwei Ziegeltürmen, zwischen die ich – handwerklich behände und recht kreativ – vier Bretter gelegt hatte. Designpreisverdächtig und überaus praktisch. Weiters möchte ich an dieser Stelle noch die einst so beliebte Funktion des Ziegelsteines als Bettwärmer erwähnen. Heute, durch Wärmeflaschen und überheizte Schlafzimmer fast in Vergessenheit geraten, entpuppte sich der im Backrohr auf nahezu Schmelztemperatur gebrachte Ziegelstein als angenehmer Bettgenosse. Dass der Ziegelstein als Instrument des Widerstandes, der Revolte und als Waffe der Unterdrückten auch in der politischen Historie immer wieder eine wichtige Rolle gespielt hat, mag nur den überraschen, der noch nie ein eingeschlagenes Schaufenster gesehen hat.

EXPERTENTIPP

„Ziegel- oder Holzbauweise?"

Es gibt grundsätzlich zwei Bauweisen, um das Traumhaus zu errichten: die Ziegel- oder die Holzbauweise. Bei beiden Arten gibt es leichtere oder schwerere Bauweisen, die vor Ort oder in Fertigteilen angeliefert werden. Wichtig sind die gute Wärmedämmung der Außenhülle sowie gewisse speicherfähige Massen für Wärme- und Feuchtigkeitsregulierung sowie Schallschutz innen. Ökologische Bau- und Dämmstoffe sind oft genauso möglich wie baubiologische Innenmaterialien. Mit einem fertigen Entwurf können Sie schon erste Angebote zu den verschiedenen Bauweisen einholen:

Mögliche (mehr oder weniger) baubiologische **Ziegelbauweisen** sind:

- 25 cm Hochlochziegel + Vollwärmeschutz aus Mineralschaum, Kork, Hanf, Holzfaserplatten, Steinwolle oder transparenter Wärmedämmung. Gibt es auch als Ziegelfertigteile ohne Eisen.
- 50–55 cm Hochlochziegel ohne Außendämmung
- Decken als Ziegelstegdecke oder Holz-Tramdecke

Baubiolog. **Holzbauweisen** sind:
- Holzriegelkonstruktionen mit Dämmung aus Zellulose, Hanf, Flachs, Baum- oder Steinwolle. Innenseite mit 5 cm Heraklith BM Platten und Kalk- bzw. Lehmputz. Außen Putz auf Holzfaserplatte oder Lärchenholzverschalung.
- Massivholzwände (stehende, verzahnte Hölzer) ohne Leim, mit oder ohne Zusatzdämmung möglich.
- Brettstapelwände bzw. kreuzweise verdübelte Wände ohne Leim, meistens mit Zusatzdämmung außen.

Ein von Ihnen beauftragter Baubegleiter, der die Angebote gemeinsam mit Ihnen einholt, auf die Einhaltung des Bauzeitplanes sowie eine ordentliche Ausführung und Rechnungskontrolle achtet, ist sein Geld auf jeden Fall wert und rechnet sich meist von selbst!

In der Reihe der unzähligen Ziegelarten hat es mir ein Vertreter ganz besonders angetan. Der Maurerziegel. Der Klassiker unter den Mauersteinen. 12 x 6,5 x 25 cm in den Abmessungen, keine Schnörkel, keine Löcher, keine Rillen. Nix. Nur pure Funktion. Stein auf Stein, morgen wird es fertig sein, das Haus. So stelle ich mir den Hausbau vor. Nicht irgendwelche Pappwände aufstellen und danach mit dem Kran den Deckel drauf. Kein Convenience-Rohbau, der seinen Namen gar nicht verdient, weil er ja schon beinahe fertig geliefert wird und nicht einmal ordentlich schmutzt. Hausbauliche Fertignahrung, pfui Teufel!

Da war das bei mir schon anders. Vor vielen Jahren, als mein Haus im Entstehen war, hatte ich eine beherzte Maurertruppe engagiert, die den Begriff Rohbau noch in seiner Urform verstand. Roh wie „wild", roh wie „ungehobelt", roh wie … „blutiges Fleisch". Das waren echte Männer und nach Männern wie ihnen hatte man meinen geliebten Maurerziegel benannt. Keine Schnörkel, keine Rillen. Nix. Nur pure Funktion.

Sie warfen die Mischmaschine an, beraubten die erste von noch vielen folgenden Ziegelpaletten ihrer Jungfräulichkeit, indem sie die Plastikverschweißung jäh mit der Maurerkelle zerrissen und gingen frisch ans Werk. Stein auf Stein (Hohlblockziegel, damals dämmtechnisch der letzte Schrei, ich musste mich fügen!), morgen wird es fertig sein, das Haus. Ist natürlich dichterische Freiheit, denn länger hat's schon gedauert als zwei Tage, bis die Wände standen. Genau genommen zwei Wochen. Aber dann war es fertig, mein ganz persönliches Ziegelmuseum.

Warum Ziegelmuseum? Dazu sei ein kleiner bauhistorischer Exkurs erlaubt: In Vilnius, Litauens stolzer Hauptstadt, steht die Kirche „St. Anna". Sie besticht nicht in erster Linie durch ihren gotischen Stil, sondern durch die Tatsache, dass ihre wunderschöne Außenwand angeblich aus 33 verschiedenen Ziegelarten besteht. Eine Tatsache, die zahllose Touristen zu den Mauern dieser Kirche im jungen Europa lockt. Ich persönlich weiß allerdings nicht, was daran so besonders sein soll. Schließlich bin ich der festen Überzeugung, dass allein im Keller und im Erdgeschoß meines Hauses so viele Ziegelarten ruhen, dass St. Anna gelb vor Neid würde, wäre sie als Heilige nicht vor solchen todsündigen Gefühlen gefeit.

Meine Maurer-Truppe hatte jedenfalls ganze Arbeit geleistet: Keine einzige Reihe meines Mauerwerkes machte den langweiligen Eindruck von sich eintönig wiederholenden Hohlblockziegeln. Nein: da zwei Hohlblockziegel, danach ein Maurerziegel, dann wieder ein Stückchen vom Dachgestein, hier ein mausgrauer Betonstein und dort ein massiver Schamottstein, der durch seine gelbe Farbe einen angenehmen Farbkontrast im Ziegelrot bildete. Dazwischen: Mörtel, Mörtel, Mörtel, der an manchen Stellen locker die Höhe eines hochgestellten Maurerziegels übertraf.

Woher die vielen Ziegelarten kamen? Die findigen Maurer hatten sich einen Verbündeten in Person meines Schwiegervaters geholt, der seinerseits ein begeisterter Sammler alter Ziegelsteine ist. Seiner Sammlerleidenschaft kam der Umstand entgegen, dass sich unweit unseres Baugrundes in früheren Zeiten ein Ziegelwerk befand, auf dessen längst überwucherten Lagerplätzen sich Ziegelmaterial von unschätzbarem Sammlerwert befindet. Oder besser „befand", denn ein guter Teil dieser Schätze ruhte jetzt stumm und fest gemauert in meinem Bau. Als Freund des Ziegels war ich natürlich gerührt. So gerührt, dass ich sogar über die Tatsache hinwegsah, dass die emsige Maurertruppe aus lauter Begeisterung vor dieser Materialfülle gleich mehrere Ziegelreihen zuviel aufgesetzt hatte. Das hat allerdings den nicht zu verachtenden Vorteil, dass bei Bedarf des Olympischen Komitees in meinem Wohnzimmer jederzeit Stabhochsprungwettkämpfe nach internationalem Standard stattfinden könnten.

„A Zement und a Sand verbirgt dem Maurer sei Schand'", bemühte mein Schwiegervater einen seiner vielen weisen Sprüche, als er das Ergebnis der handwerklichen Bemühungen meiner Truppe sah. Das tat es dann auch und das tut es heute noch. Ich habe die Gewissheit, dass mein Haus nicht nur massiv, sondern auch massiv abwechslungsreich ist. In dem ich unzähligen, in vielen Fällen sogar bedrohten Ziegelformen und -typen im wahrsten Sinne des Wortes ein Zuhause biete, leiste ich keramischen Artenschutz. Im Verborgenen allerdings: Denn solange das alles unter einer dichten Schichte Silikatputz versteckt bleibt, werden die Touristenströme weiterhin an meinem Haus vorbei ziehen. Richtung Vilnius.

Mensch gegen Maschine

oder: Echt lehmputzig

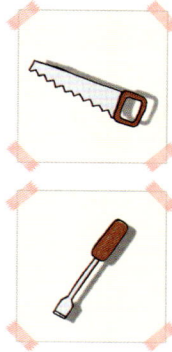

Das regelmäßige, durch Mark und Bein gehende Piepsen durchschnitt die morgendliche Stille, als der riesige LKW im Rückwärtsgang in meine Einfahrt schob. Im Nachhinein betrachtet kommt mir dieses Piepsen an jenem Julitag wie der Countdown zu einem meiner schwersten Kämpfe vor. Auf diesem LKW war die Putzmaschine verladen, mit der ich mich in den nächsten Tagen messen sollte. Der Lehmputz stand auf dem Programm, und weil mich der Vorarbeiter bei einem unserer ersten Treffen, bei der Baustellenbesichtigung, so nebenbei ganz freundlich gefragt hatte, ob ich mir vorstellen könne, bei der Arbeit zu helfen, war ich jetzt, wo es losgehen sollte, auch am Ort des Geschehens.

Was konnte denn schon großartig zu tun sein, beim Lehmputz? Ich hatte vor allem auch deshalb zur Mithilfe eingewilligt, weil mir vorher die Putzmaschine als Wunderwerk der Technik und die Bedienung derselben in Aussicht gestellt worden war. Die Bilder, die dabei in meinem Kopf entstanden, waren idyllisch: Ich sah mich im sauberen Beinkleid, mit blütenweißem T-Shirt den Wasserhahn beim Gartenschlauch auf- und abdrehen und die automatische Lehmzufuhr überwachen.

Die Realität sollte mich brutal auf den Boden der Tatsachen holen. Eigentlich hätte ich ja schon ins Grübeln kommen und mit dem Nachdenken anfangen sollen, als mich der Vorarbeiter nach meinem Hilfsangebot vom Scheitel bis zur Sohle musterte, dann das Gesicht zu einem hämischen Grinsen verzog und nur „Wenn's maanen" raunte. Spätestens als aber die 15 Bigpacks – große Säcke, in die jeweils eine Tonne Lehm gefüllt war – angeliefert wurden, hätte ich mir denken können, dass der Lehm nicht von allein in die Maschine hüpfen würde. Aber nein, ich konnte das Rätsel um die Beförderung erst lösen, als ich schon mittendrin und ein Teil derselben war.

Der Kran hob das Ungetüm von Putzmaschine auf meinen Baugrund und platzierte es genau zwischen Haus und Bigpacks. Als ich die Ausmaße dieses Apparates sah, wurde mir mulmig. Ich ließ mir aber nichts anmerken und ging an dem riesigen Trichter vorbei auf die Arbeiter zu, die gerade aus dem Mannschaftsbus gestiegen waren und mit lockeren Aufwärmübungen (Liegestütze, Klappmesser, Kniebeugen und Klimmzüge am ausgestreckten Arm des Kollegen) begonnen hatten.

„Sind Sie der wackere Helfer?", rief mir der Partieführer entgegen. „Sind Sie allein, oder kommt noch wer, der Sie unterstützt?" – „Nein, ich bin allein. Alle meine Bekannten gehen einer anständigen Arbeit nach, die haben so früh am Tag noch keine Zeit zum Helfen", antwortete ich. „Na dann, viel Spaß. Da muss jeder einmal durch", feixten die Putzprofis, die, wie mir jetzt erst auffiel, allesamt den Körperbau von olympischen Zehnkämpfern hatten. Ich schaute bei den Vorbereitungsarbeiten ganz interessiert zu, beobachtete, wie sie die Schläuche ausrollten, die Abziehlatten, Glättbretter und Kellen auspackten, und erntete immer wieder belustigte Blicke. Weil ich nicht nur untätig dabeistehen wollte, ging ich hinters Haus und holte den Gartenschlauch, den ich zuerst an die Gartenwasserleitung anschloss und dann in die Nähe der Putzmaschine legte.

„Was soll denn das Schläuchl da?", fragte mich der Partieführer. „Naja, ich hab mir gedacht, den leg ich da her, dann brauch ich ihn nur mehr in die Maschine halten, und dann passt das schon mit dem Putz." – „Sagen Sie, hat Ihnen niemand erklärt, wie das Ganze funktioniert?" – „Nein, eigentlich nicht." – „Das heißt, Sie wissen nicht, was Sie da als Helfer zu tun haben, und was Sie erwartet?" – „Ich sagte Ihnen doch schon: Über Einzelheiten hab ich mit niemandem gesprochen. Ich weiß nur, dass ich für die Putzmaschine zuständig bin", erwiderte ich trotzig.

Der Partieführer trat näher, legte mir den baumdicken Arm um die Schultern und ging mit mir ein paar Schritte abseits. Ich fühlte mich wie ein kleines Kind, das vom Vater gleich über die Geheimnisse rund

um den Osterhasen, das Christkind und den Storch aufgeklärt werden sollte. Die Details, die ich an diesem Morgen von dem fremden Mann zu hören kriegte, waren für mich genauso erschütternd wie der Moment, in dem ich herausfand, dass es sich bei Osterhase, Christkind und Storch um die leiblichen Eltern handelt.

Mir wurde schlagartig klar, warum ich bei allen nur Heiterkeit und belustigtes Grinsen ausgelöst hatte mit meiner Bereitwilligkeit Folgendes zu tun: Ich sollte in eine Scheibtruhe eineinhalb Kübel frischen Quellwassers leeren und damit zu einem Bigpack voll Lehm fahren. Dort sollte ich fünfzehn große Mörtelpfannen voll Lehm ins Wasser schaufeln und das Ganze mit einer Schaufel oder einem Rechen vermischen, sodass keine Klumpen entstünden oder die Mischung zu wässrig würde. Danach war das Lehm-Wasser-Gemisch in die bereitgestellte Putzmaschine zu kippen, nur um den Reigen wieder von vorne, bei den eineinhalb Kübeln Wasser beginnen zu lassen.

So weit, so gut. Klingt im ersten Moment nicht so tragisch. Wenn man aber bedenkt, dass diese Höllenmaschine auf Dauerbetrieb läuft, einen immensen Appetit auf nassen Lehmbrei hat und niemals leer werden darf, weil dann Luft ins Schlauchsystem käme, man alles zerlegen, auswaschen, durchputzen, zusammenbauen und neu starten müsste und man damit vier ungeduldige Putzprofis von der eigentlichen Arbeit abhalten würde, dann bekommt man schon beim Gedanken an den bevorstehenden Stress Schweißausbrüche.

Die Männer hatten bereits Aufstellung genommen, und auch ich wurde gefragt, ob ich bereit sei. Ich nickte nur benommen, als mich die megaphonverstärkte Stimme des Partieführers aus meinen Gedanken riss: „Meine Damen und Herren", rief er „in der einen Ecke: die amtierende Meisterin, die Lehmputzmaschine LMP 3000! Zwei Tonnen schwer, einen Meter hoch und im Kampf gegen einen Laien noch unbesiegt! Und in der anderen Ecke: der Herausforderer! Geschätzte 80 Kilo bei einer Körpergröße von guten 1,80 Metern. Andreas Hausmann! Let's get ready to rumble!!!"

Er hielt sich offenbar für besonders witzig, der Kerl.

Man gab mir gnädigerweise zwei Fuhren voll Lehmbrei Vorsprung, dann war der Einfülltrichter von LMP 3000 voll, und jemand legte den Starkstromschalter um. Von diesem Zeitpunkt an weiß ich nicht mehr viel. Ich habe keine Ahnung, was um mich herum geschah; mein ganzes Dasein beschränkte sich auf Wasserschöpfen, Rennen, Schaufeln, Rühren, Rennen und Auskippen, um wieder Wasser schöpfen zu

EXPERTENTIPP

„Das gesunde Haus"

Die Baustoffe alte Bauernhäuser konnten, wenn sie einmal umgebaut oder abgerissen wurden, komplett wiederverwertet werden, auch heute sind alte Ziegel, Hölzer und Natursteine sehr gefragt. Beim Abbruch eines modernen Hauses ist es leider oft so, dass ein großer Teil als Sondermüll entsorgt werden muss: Kunststoffe, Faserdämmungen, verklebte Fassaden, lackierte Hölzer, Laminatböden etc. Da sollten Sie sich schon auch fragen, ob Sie in so einem „Sondermüllhaus" überhaupt wohnen möchten?

Jeder (westeuropäische) Mensch verbringt etwa 90 % seiner Zeit in geschlossenen Räumen, allein ein Drittel unseres Lebens verbringen wir im Bett! Gerade hier braucht unser Körper eine Umgebung, die ihm Erholung und Entspannung vom „Stress" des Tages bringt. Darum sollten auf jeden Fall in Schlaf- und Kinderzimmern für Putze, Bö-

den, Anstriche etc. ausschließlich Naturprodukte verwendet werden. Ein Netzfreischalter sorgt dafür, dass der Stromkreis im Zimmer auf Niederspannung reduziert wird. Elektrische Radiowecker, Fernseher, PC etc. sollten vermieden werden! Achten Sie auch darauf, dass keine großen Elektrogeräte im Nebenraum an der Wand zum Bett stehen oder im Wohnzimmer darunter ein starker Halogenlampen-Trafo hängt. Vor Planungsbeginn ist eine Grundstücksuntersuchung mit einem Radiästheten (Wünschelrutengeher) unbedingt empfehlenswert, damit sie störzonenfreie Schlafplätze einplanen können!

Das Haus ist unsere „3. Haut", die uns vor Umgebungseinflüssen und Witterung schützt sowie eine behagliche und gesunde Wohnumgebung ermöglichen soll.

Wenn das gelingt, haben Sie Ihren Ort zum Kraft tanken und Wohlfühlen geschaffen!

können. LMP 3000, dieses Biest brummte und ratterte zufrieden und schluckte den von mir herangekarrten und hineingekippten Brei ohne Unterlass.

Ich hatte mich eigentlich für relativ fit gehalten, aber die Putzmaschine zeigte mir die Grenzen auf. Nach zehn Fuhren sprangen die Blasen auf meinen Handflächen endlich auf. Bei der zwölften Fuhre stolperte ich das erste Mal und kippte die gesamte Ladung neben die Maschine. Das musste ich natürlich aufholen, was zur Folge hatte, dass ich noch schneller rennen, schöpfen und schaufeln musste. Mein verzweifeltes Tun wurde durch die Rufe, die aus dem Hausinneren zu mir ins Freie drangen, nicht wirklich erleichtert. „Net so dünn! Die Misch g'hert dicker!" „Naa! Jetz is zu dick! Do muass nu a Wossa dazua!" Diese dezenten Anweisungen hatte ich zu befolgen, und die regelmäßigen, nicht ohne Schadenfreude vorgebrachten Fragen nach meinem Befinden hatte ich auch noch mit verbissenem Lächeln zu überstehen.

„Geht's eh nu?" – „Muss ja. Oder?"

Die Wegstrecke zwischen Bigpacks, Wasserfass und Putzmaschine glich nach einer Stunde einem von tausenden Elefanten benutzten Trampelpfad.

Nach zwei Stunden verwandelte sich meine Wirbelsäule in eine glühende Gummiwurst, und meine Knie fühlten sich an wie zwei Faschingskrapfen im Hochsommer. Vom Schaufeln schnalzten die Bänder und Sehnen in meinen Schultern bei jeder Bewegung, und meine Fußsohlen waren taub und gefühllos. Obwohl ich jeden zehnten Kübel Wasser selbst aussoff, musste ich nie aufs Klo, wofür ohnehin keine Zeit gewesen wäre. Jeden Tropfen Flüssigkeit gab ich in Form von Schweiß wieder von mir.

Irgendwann war jemand so gnädig, die Stromzufuhr zur Maschine zu unterbrechen, und auch ich kam jäh zum Stillstand. Ich fiel aus dem Stand um, konnte aber schon nach einer Viertelstunde in den Schatten eines Bigpacks robben, wo ich hechelnd lehnte und mit leerem Blick in die flimmernde Hitze starrte.

Einer nach dem anderen kamen auch die Putzprofis aus dem Haus. Fröhlich schwatzend und rauchend stiegen sie wieder in ihren Mannschaftsbus. Jeder von ihnen hatte noch Zeit gefunden, mir im Vorbeigehen anerkennend auf die Schulter zu klopfen. Ich hätte mich vermutlich sogar darüber gefreut, wenn nicht jede Berührung einen Schmerz in dem geschundenen Gelenk zum Explodieren gebracht hätte.

Sie winkten mir aus dem davonfahrenden Bus zu und riefen: „Bis morgen, um dieselbe Zeit wie heute!"

Ich konnte nur ermattet den Kopf baumeln lassen und musste auf dem Weg zurück zum Haus, vorbei an acht leergeschaufelten Bigpacks, darauf achten, mir nicht auf die Finger zu steigen.

„MENSCH GEGEN MASCHINE!"

„Wie stön's ihna des denn vur?"

Vom Umgang mit Hand- und anderen -werkern

Es soll ja Menschen geben, die den Bau ihres Hauses einem Generalunternehmer übergeben und sich so die erregenden Kontakte mit diversen Handwerkern ersparen. Mein Rat: Leute mit weniger Geld und Sinn fürs Abenteuer sollten auf diese Erlebnisse nicht verzichten. Das soll jetzt kein Rundumschlag gegen Handwerker werden. Ganz und gar nicht! Das sind durchaus ehrenwerte Menschen, die mit viel Fleiß, Geschick und etwas PU-Schaum aus den Plänen eines Architekten ein handfestes Gebäude machen. Ohne sie würden wir wohl alle in Luftschlössern wohnen. Nur eines scheint den meisten handwerkenden Professionisten und vor allem ihren Kollegen von der Schattenwirtschaft gemeinsam zu sein: die unerschütterliche Skepsis, mit der sie an alle Aufträge herangehen.

Als wäre es gestern gewesen, erinnere ich mich etwa an den Moment, als ich dem Fliesenleger meine Pläne für das neue Badezimmer vorlegte. Unterwürfigst überreichte ich ihm meine Zeichnung, meine ganze Haltung drückte Demut und Selbstzweifel aus. Mit hängendem Kopf erwartete ich das Urteil des Meisters aller Fugen. Das fiel dann auch so vernichtend aus, wie ich es mir vorgestellt hatte. „Wie stön's ihna des denn vur? In dera Ecken kumma ja nie zam!", meinte Herr Fliesenleger mit finsteren Blicken auf meinen lächerlichen Plan und die zitierte „Ecken" meines Rohbau-Badezimmers. Ich hatte ja Erfahrung mit Handwerkern und wollte schon den vorbereiteten Molotow-Cocktail auf den Plan, dieses Zeugnis meiner Unfähigkeit, schleudern, als ich neulich des Meisters Stimme vernahm: „Oba wenn ma schon am vorderen Eck was wegschneiden, geht sich des hinten wieder aus!"

So ist es immer mit den Professionisten, egal ob Maurer, Tischler, Schlosser, Installateur: Zuerst schleudern sie dich in die tiefste Hölle, machen dir die Unmöglichkeit deines Ansinnens deutlich, hacken dich und dein Ego in kleine Stücke, um dich dann mit der Bemerkung „Wenn wir das so und so machen, wird's schon gehen!" wieder vom Boden aufzuheben.

Mit anderen Worten: Sie zieren sich ganz schön, die Herren Handwerker! („Dame Handwerker" war bei unserer Baustelle nicht dabei.) Keiner aus dieser Zunft, der mein Haus betrat, meinen Auftrag vernahm und sich mit einem fröhlichen Nicken tatkräftig an die Arbeit machte. Jeder gab mir zuerst das Gefühl, ich hätte ihn zum Bau des Kölner Doms oder zum Lackieren des Eifelturms aufgefordert, um mir

EXPERTENTIPP

„So kommen Sie ohne Nervenzusammenbruch zum Traumhaus"

Es gibt die weitverbreitete Meinung, dass Fertighausfirmen und Generalunternehmer immer günstig sind und ihren versprochenen Preis und Termin halten. Es gibt natürlich seriöse Baufirmen und Hausverkäufer, wo das auch stimmt, es sind aber leider nicht alle Firmen so korrekt und ehrlich. Viele Hausbauer, die auf einmal mit einem riesigen Schuldenberg, dann ohne Partner und später sogar ohne Haus dastehen, zeigen die oft existenzbedrohenden Risiken des Hausbauens.

Damit es Ihnen auf dem Weg zum Traumhaus gut ergeht, sollten Sie von der Planung, über das Einholen der Angebote, die passende Finanzierung bis hin zur Baufertigstellung unabhängige Fachleute zu Rate ziehen. Den neutralen Rat dieser Profis erhalten Sie oft umsonst über die Bau- und Energieberatungen der jeweiligen Bundesländer oder Gemeinden. Man kann auch günstige Pauschalpakete oder Stundentarife für Planer und Bauleiter ausverhandeln, die durch ihre Erfahrung das Honorar mehr als wert sind!

Sie kennen vielleicht den Spruch: „Man muss dreimal Hausbauen, bis keine Fehler mehr passieren." Daher nehmen Sie sich mindestens ein Jahr Zeit für die Planung und die Zusammenstellung Ihres Bauteams, damit Sie zufrieden zu Ihrem persönlichen Traumhaus kommen!

ein paar Minuten später mit gönnerhaft beruhigender Miene zu erklären, dass die Sache doch irgendwie machbar wäre.

Hab' ich gesagt, jeder zierte sich? Stimmt nicht! Einmal kam einer, den ich bat, einen besonders komplizierten Stiegenaufgang für mich zu bauen. Einen mit sämtlichen Extras: komplizierte Drehungen, frei schwebendes Zwischenpodest und allen Schikanen. Nach Wochen des Zögerns und dem Besuch des Intensiv-Seminars „Überzeugend Argumentieren für Führungskräfte und Bauherren" wagte ich es endlich, einem Stiegenbauer meinen kecken Plan zu präsentieren. Der warf einen genauen Blick darauf, nickte ein paar Mal und sah mich mit einem aufmunternden Lächeln an: „In Ordnung, wann hätten Sie die Stiege denn gern fertig gehabt?" Ich war wie vom Donner gerührt und versteckte hastig die neunschwänzige Peitsche, die ich vorsorglich zur Selbstgeißelung vorbereitet hatte, hinter meinem Rücken! Unglaublich, dieser Mann widersprach allem, was ich bisher an Handwerkern kennen gelernt hatte. Er hatte „Ja" zu meinem Ansinnen gesagt! Ohne Wenn und Aber. Ohne Raunzen, Misstrauen, Kopfschütteln, Skepsis und all den üblichen angeborenen Reaktionen eines Professionisten.

Natürlich hat dieser vorschnelle Herr den Auftrag nicht bekommen. Kann man denn Vertrauen in einen Handwerker haben, wenn er sich so mir nichts dir nichts auf einen Auftrag stürzt? Ohne Jammern, ohne vorherige Ablehnung, ohne Aufstöhnen? Nein! Ich entschied mich dann für einen wackeren Stiegenbauer, der sich als ein Vorzeigebeispiel seiner Zunft erwies. Angesichts meines Stiegenplanes brach er zunächst in schallendes Gelächter aus, zerriss den Plan und beschimpfte meine Katze. Danach griff er zum Handy und telefonierte mit drei seiner Arbeitskollegen, seinem Schwager und mit seiner Frau. Jedes Mal erzählte er ihnen von einem Wahnsinnigen, der ihm soeben mit einem Plan gekommen wäre,... also so etwas hätte er (Lachanfall mit darauf folgendem Wutausbruch)... also wirklich... noch nie erlebt. Scheinbar um dem Wahnsinn ein Gesicht zu geben und die Geschichte anschaulicher zu machen, knipste der Stiegen-Zampano mit seinem

Handy ständig Fotos von mir, um sie dann „live" seinen Gesprächspartnern zu schicken.

Ich ertrug dies alles still. Denn in mir keimte eine Hoffnung, die sich aus meiner Erfahrung mit Handwerkern nährte. Ich erniedrigte mich sogar soweit, dem Manne, nachdem er aufgelegt hatte, Kaffee und Kuchen anzubieten. Nach vier Tassen und zwei Stück Marmorkuchen besänftigte sich der Stiegenbauer langsam. Gönnerhaft kritzelte er auf meinen Plan einen Kostenvoranschlag, der sämtliche Rahmen sprengte, die mir meine ohnehin geduldige Hausbank auferlegt hatte und klopfte mir fast schon freundschaftlich auf die Schulter: „Des mach ma scho!" – Ein echter Profi eben.

„DER KOSTENVORANSCHLAG"

Das sagt der Bauherr

Und das kann es heißen

Das sagt der Bauherr	Und das kann es heißen
Das ist ein Fixpreis	Egal ob jetzt oder in zehn Jahren, wenn ich mit meiner Selberbaustelle fertig bin …und für alles, was ich mir wünsche
Das hat mir keiner gesagt	…dass das unverbindliche Angebot auch für den Anbieter unverbindlich ist …dass der Installateur kein Estrichverleger, Maurer, Elektriker, Fliesenleger oder Baukoordinator ist
Ah, des geht scho	Ich weiß ja, dass es Normen und Gesetze gibt, die man einhalten muss. Aber bei mir können wir eine Ausnahme machen. Es überprüft ja keiner und ich sag nix. (und wenn was schief geht, hab ich das nie gesagt, dann ist eh der Fachmann dran)
Ich werde Ihnen rechtzeitig Bescheid geben, wenn ich soweit bin	„Sie können morgen weitermachen" oder „Heute Nachmittag brauche ich einen Monteur auf der Baustelle"
Geht net, gibt's net	SIE sind der Fachmann. Also finden Sie einen Weg, mir alle meine Wünsche zum besprochenen Preis zu erfüllen
Ich würd das so machen	Ich versteh überhaupt nicht, warum der Monteur meine selbst verlegten Staubsaugerleitungen erneuert. Die paar 90°-Bögen hätten doch sicher keine Probleme gemacht. Und dass die Billig-Rohre vom Baumarkt ungeeignet sind, weil sie sich statisch aufladen, ist sicher nur ein G'schichtl, damit er sein teures Material an den Mann bringen kann

Das sagt der Bauherr	Und das kann es heißen
Anzahlung?	Ich weiß jetzt schon, dass ich das Ganze nicht bezahlen kann, aber dann gehe ich halt in den Privatkonkurs
Eine andere Möglichkeit wäre noch …	Irgendwann werd ich wissen, was ich will Irgendwann werde ich Entscheidungen treffen und dabei bleiben
Das steht dann eh alles in der Betriebsanleitung	Die werde ich durchlesen und alle Knöpfe und Schalter ausprobieren. Wenn etwas schief geht, muss der Fachmann kommen und alles wieder einstellen. Auf Garantie natürlich. Das gehört ja zur Einschulung
Wie Sie wollen	Sie können mir zwar sagen, wie ich meine vereinbarte Eigenleistung, nämlich das Verlegen der Fußbodenheizung, zu erbringen habe, aber ich mach es so, wie ICH glaube (und SIE garantieren für die Funktion)
Ups oder Auweh oder Uijegerl	Schatzi, ruf bitte den Monteur an, ich habe die Fußbodenheizung angebohrt
Ich habe einen Wartungsvertrag	Und damit lebenslange Garantie auf den Kessel, alle Leitungen und Ventile sowie auf die Lampe im Heizraum
So. Und was machen wir da jetzt?	Wieso ist der Wasserschaden von 45.000,– Euro nicht durch Ihre Haftpflichtversicherung gedeckt? Mein Bruder und ich haben doch alle Leitungen richtig verlegt und außerdem waren die Eigenleistungen ein Auftragsbestandteil

Anmerkung: Eventuelle Ähnlichkeiten sind nicht zufällig und auf jeden Fall mit viel Humor aufzufassen.

Tutti paletti

Wenn fliegende Fliesen eintreffen

Heute werden die Fliesen aus Italien geliefert. Fünf Tonnen. Der Majestro Alessandro kann nicht kommen, er schickt den Papa. No problema, wir haben einen neuen Laster, mit einem Superkran drauf. Sie brauchen sich um nichts kümmern.

Mit zehn Stunden Verspätung rollt der Papa an. Lange gesucht, schwer zu finden die Baustelle. Er ist wirklich freundlich, lächelt, aber Deutsch kann er nicht. Mit vielen Gesten einigen wir uns auf den Abladeplatz.

Mit einem „tutti paletti" verschwindet der Papa im Führerhaus, bringt das Fahrzeug in Position. Der neue Kran auf dem neuen Laster ist wirklich beeindruckend. Beeindruckend ist auch die Miene des Papas, als bei den ersten Schaltvorgängen der Hauptarm des Krans die Führerkabine streift und das nigelnagelneue Blau des Lasters einige unschöne Stellen erhält.

Doch Papa lässt sich nicht unterkriegen. Er nimmt die erste Palette Fliesen auf und – lässt sie wieder runter. Rauf – und runter. Der Papa werkt wie ein DJ am Mischpult und schwitzt. Kann ich helfen? No No. Der Papa ruft den Alessandro an. Lautes Italienisch ertönt. Kaum sind die Instruktionen abgeschlossen, schaltet der Papa wieder wie ein Wilder.

Seine sichtlich verbesserte Technik lässt ihn die erste Palette aufnehmen. Es sieht wirklich gut aus, als die Fliesenladung in der Luft baumelt. Mit einem Nicken und einem Handzeichen scheint er mir zu deuten, dass es jetzt in meine Richtung geht. Es hätte vermutlich auch funktioniert, wenn wir vorher die Seitenwand des Lasters geöffnet hätten. Die Wand hängt nur mehr an einer Schraube, das Fliesenpaket schaukelt in der Luft. Wieder wird ein italienisches Telefonat geführt.

Papa kommt zurück und verstaut die beschädigte Seitenwand liebevoll auf der Ladefläche. Sein Lächeln wirkt immer noch sehr beruhigend auf mich. Obwohl eigentlich noch nichts geschehen ist, ist der Schaden beträchtlich.

Das Bedienbuch muss her. Papa räumt den gesamten Führerstand um. Papa ist nervös. Ich auch. Für nächste Woche ist der Fliesenleger bestellt. Ich geh Kaffee kochen. Papa schreit, es geht gleich weiter.

Während unseres schweigsamen Kaffeegenusses studiert der Papa aufmerksam das Bedienbuch und scheint neue Erkenntnisse über die Bedienung des Krans zu gewinnen. Er geht zum Schaltpult und beginnt scheinbar professionell mit den Knöpfen zu hantieren. Voller Stolz führt er mir vor, dass sich der Kranarm auf die doppelte Länge erweitern lässt.

EXPERTENTIPP

„Wellnessbereich im Haus – aber wo?"

Wenn man/frau einen Wellnessbereich andenkt, wird dieser üblicherweise im Keller vorgesehen und „später einmal" eingebaut. Dazu kommen dann auch noch die Kosten für den Sanitärbereich und den Ruheraum. Eine andere Möglichkeit wäre, das Badezimmer etwas größer zu planen, damit eine Sauna (mit z.B. 1,5 x 2,0 m Größe) oder eine Infrarotkabine Platz haben. Dadurch kommen Sie gleich in den Entspannungsgenuss, sparen sich die Anschaffungskosten für das zweite Bad und das dritte WC und brauchen keine zusätzlichen Heizkosten für den Keller. Der Ruhe- und Entspannungsbereich kann entweder das Schlafzimmer sein oder eine sonnige Diele im Obergeschoß.

Diese sonnige Diele ist überhaupt ein „Multifunktionsraum": Verteilerraum zu den Zimmern, Lesebereich, Spielbereich für Kinder, Platz zum Malen oder Musizieren, Heimbüro, Bügelplatz, Reservezimmer (wenn abteilbar) etc. Die Erfahrung zeigt auch, dass dieser „Multifunktionsraum" im Lauf der Jahre von Familien immer wieder anders genutzt wird, je nach Anzahl und Alter der Kinder sowie der Familienhobbys.

Das Abladen der Paletten kann nun beginnen und wider Erwarten läuft die Sache ganz gut. Zwischen der vierten und fünften Palette notiere ich mir, den Spengler anzurufen. Die Dachrinne zeigt nach einem Kuss mit dem Kranarm leichte Ausfallerscheinungen.

Voll Zuversicht und Elan nehmen wir uns der letzten Palette an. Als sie auf mich zutaumelt, packe ich sie mit sicherem Griff. Während ich sie in Position drehe, erregt irgendetwas auf dem Boden meine Aufmerksamkeit. Ich schaue runter, Papa deutet das als Nicken. Er drückt die Knöpfe, die Palette sinkt, der Kran lässt aus, ich kann gerade noch meine Zehen einziehen, RUMMS – lautes Klirren.

Papa springt aus dem Laster, alles OK? Ich kann meinen Fuß nicht bewegen. Vorsichtig sehe ich runter. Meine Zehen! Der rechte Turnschuh ist mit der Spitze unter der Palette begraben. Ich spüre nichts mehr.

Papa sieht mich fragend an, tutti paletti? NEIN, Paletti am Stiefletti schreie ich ihn an. Lächelnd kommt er auf mich zu, wirft den Hut beiseite, krempelt die Ärmel hoch, stemmt sich gegen die Fliesen. Nichts. Immer wieder versuche ich, den Fuß herauszubekommen. Papa zieht und zerrt, ohne Ergebnis. Ich bücke mich und öffne die Schuhbänder. Man muss der Wahrheit ins Auge blicken.

Papa geht weg. Ich schöpfe Hoffnung. Vielleicht hat er eine Idee. Ich höre lautes Italienisch – er telefoniert. Ich kann meine Zehen nicht bewegen. Kein Fußballspielen mehr, mit dem Krückstock auf der Baustelle, Vorfußamputation.

Panisch reiße ich an meinem Fuß. Ich höre plötzlich ein reißendes Geräusch und lande mit einem unsanften Ruck auf meinem Allerwertesten.

Als ich hinunterblicke, traue ich meinen Augen kaum. Aus einem völlig abgerissenen Socken blinzeln mich fünf unversehrte ein bisschen abgeschundene nackte Zehen an.

Mit einem Seufzer der Erleichterung lässt sich Papa neben mich fallen und murmelt unverständliche italienische Worte vor sich hin. Ich glaube, das heißt: bester Zeheneinroller der Welt.

„MEIN GARTEN - DIE GRÜNE HÖLLE"

Grüne Hölle

oder: Total verpflanzt

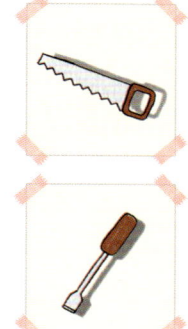

Habt ihr die Lawinenpiepserl?" – „Ja, sind aktiviert und im Trekkingrucksack." – „Handy habt ihr auch mit?" – „Schon. Aber ich bezweifle, dass wir da draußen Empfang haben werden! Wenn wir in zwei Stunden nicht zurück sein sollten und du noch nichts von uns gehört hast, dann schlag bitte sofort Alarm und schick die Suchmannschaft los!"

Mit diesen Worten öffnete ich die gläserne Schiebetür, die in den Garten führte, zog die frisch geschliffene Machete aus der Scheide und stürzte mich gemeinsam mit dem immer noch vor Staunen den Kopf schüttelnden Gärtner in die grüne Hölle vor unserer Terrasse. Unsere Tochter war vor kurzem aus dem Haus und in den Garten entwischt.

In der Wildnis da draußen würde sie keine Chance haben.

Dabei hatte mit unserem Garten alles so harmlos angefangen, nämlich mit der ungestillten Sehnsucht nach ein bisschen Grün vor den Fenstern. Drei Jahre in einer kleinen, finsteren, terrassen-, balkon- und gartenlosen Erdgeschoßwohnung hatten meine Frau und mich vegetationstechnisch völlig ausgehungert. Wir freuten uns sogar schon über die kleinen Schimmelflecken auf dem Duschvorhang oder über die kleinen Pilze auf vergammelndem Brot. Zu jedem möglichen und unmöglichen Anlass schenkten oder wünschten wir uns Blumenstöcke oder Topfpflanzen, die in den düsteren Räumlichkeiten aber allesamt recht schnell zu Futter für den Biomüllkübel wurden.

Erschwerend kommt noch hinzu, dass meine Frau und ich nicht mit sonderlich grünen Daumen ausgestattet sind.

Bei unseren Kaufausflügen in diverse Baumärkte mit Gartenabteilungen und zu den Gärtnern der Umgebung beschlich uns das Ge-

fühl, als würden sich die ausgestellten Pflanzen tot stellen, oder sich zumindest ängstlich auf ihren Regalen ducken, wenn wir mit gierig suchendem Blick vorbeischlenderten. Kein Blumenstock, so schien es, wollte von uns aus seinem Ausstellungsgefängnis errettet werden, weil er schon ahnte, dass es für ihn ein sehr kurzer Ausflug in die Freiheit werden würde.

Als wir dann in unser Haus übersiedelten, war die Freude groß, dass wir nun endlich auch ein paar hundert Quadratmeter als Garten zur Verfügung hatten. Die Motivation, daraus ein botanisches Schmuckstück zu machen, vor dem jedes Palmenhaus vor Neid blassgrün werden sollte, war groß. Sie hatte aber viel Zeit noch größer zu werden, weil wir uns zuerst um diverse Kleinigkeiten im Haus kümmerten und so das Gartenprojekt immer weiter hinausschieben mussten.

Aber nach ein paar Monaten konnte es endlich losgehen: Die Steinwüste vor unserer Haustür wurde planiert und die größten Felsen von tonnenschweren Walzen und Baggerschaufeln in handliche Brocken zertrümmert, die sich entweder aussortieren oder ins Erdreich einarbeiten ließen. Weil wir in einer steinreichen Gegend gebaut haben und der Boden quasi purer Schotter ist, mussten wir sehr bald zur Kenntnis nehmen, dass wir noch sehr viel Zeit mit dem Aussortieren der Brocken verbringen würden, und dass dann auch nicht mehr viel vom Boden vorhanden sein würde, außer Staub und etwas Lehm. Also mussten wir Humus in rauen Mengen kommen lassen, der die steinige Oberfläche bedecken und den Pflanzen Halt und Nahrung geben sollte.

Als auch die teure dunkle Erde planiert und wieder aufgelockert worden war, konnten wir unserem Pflanztrieb endlich nachkommen. Eine LKW-Kolonne fuhr vor und lieferte die ausgewählten Hecken, Sträucher und Bäume.

„Wo sollen wir das denn alles einsetzen?", fragte ich meine Frau.

„Wir?" – „Gut. Ich. Wo soll ich das denn bitte alles einsetzen? Hast du ohne mein Wissen noch irgendwo eine gerodete Lichtung gekauft,

die du wieder aufforsten willst?" – „Nein, nein. Wirst schon sehen, das bringen wir schon unter, in unserem Garten. Und wenn es nicht anders geht, dann setzen wir halt ein paar enger zusammen." – „Wir?" – „Schon gut. Du. Du setzt sie enger zusammen. Ich sag dir, wo und wie." – „Also wie immer."

Ich schnappte mir Spaten und Krampen und machte mich ans Werk. Nach einigen Stunden und unzähligen ausgehobenen Pflanzgruben war ich mit meiner ersten Runde ums Haus fertig. Meine Frau wies mich dezent darauf hin, dass sich in der Hauseinfahrt immer noch ganze Urwälder türmten, die darauf warteten, ebenfalls ihren Platz im Garten zugewiesen zu bekommen. Ich fragte sie, ob sie zur Abwechslung einmal selber ein paar Bäume und nicht immer nur mich pflanzen wolle. Sie lehnte dankend ab und machte sich stattdessen auf die Suche nach freien, unbepflanzten Quadratdezimetern. Ich hatte es nicht für möglich gehalten, aber der Berg aus Grünzeug wurde tatsächlich kleiner, und irgendwann war er ganz verschwunden. Ich gebe zu, dass ich manchen Buchsbaum und die eine oder andere Hainbuche als Ganze begraben habe, aber ich sah zum damaligen Zeitpunkt keinen anderen Ausweg!

Bei Sonnenuntergang standen wir zusammen und betrachteten zufrieden unser Werk. Wir hatten ganze Arbeit geleistet. Auch das kleinste Fleckchen Erde war mit etwas Grünem versehen worden. Wo kein Baum stand, wo keine Hecke wuchern, keine Staude wachsen und kein Strauch ranken sollte, waren Bodendecker eingesetzt worden. Allesamt zähe Burschen.

Der Gärtner unseres Vertrauens hatte nämlich, weil er unsere schwarzgrünen Daumen schon längere Zeit kannte und wir seine Bestände an pflegeintensiven Exoten in den letzten Jahren schon arg dezimiert hatten, nur Gewächse ausgesucht, die von besonders robuster Natur waren: „Das sind die Härtesten der Harten. Die könnt nicht einmal ihr umbringen."

Das beruhigte uns ungemein, weil wir uns nur mehr zurücklehnen und unserem Garten beim Wachsen und Sprießen zuzusehen brauchten. Das tat er auch. Ungehemmt, ungebremst und mit aller Macht eroberte die Natur den Platz doppelt und dreifach zurück, der ihr durch die Errichtung unseres Eigenheimes abhanden gekommen war. Wenn wider Erwarten doch der eine oder andere Strauch frühzeitig das Zeitliche segnete, traten innerhalb kürzester Zeit Unkraut, Disteln und andere Pioniere an seine Stelle.

Mit der Zeit wurden mir das Sprießen und Wachsen unheimlich und ich kontaktierte unseren Gärtner, um ihm die Umstände zu schildern. Er war gerade von einem sechsmonatigen Tauchurlaub zurückgekehrt, den wir ihm mit unserem Großeinkauf finanziert hatten, und

EXPERTENTIPP

„Der Weg zum Traumgarten"

Die meisten Familien bauen ja deswegen ein Haus, weil ihnen ein eigener Garten wichtig ist. Daher sollte dieser von Anfang an bei der Hausplanung mitberücksichtigt werden, damit Sie z.B. vom Essplatz den tollen Blick auf das Biotop samt Wasserfall haben. So wie Sie im Haus Ihre Räume planen, sollten Sie das auch im Garten tun: Der Essplatz = die Terrasse, das Kinderzimmer = der Spielbereich, das Schlafzimmer = der Platz für die Hängematte, die Küche = der Grillplatz usw.

Wenn der Garten einige Hügel, Gruben oder verschiedene Niveaus bekommt, können Sie gleich einen Teil des Erdaushubes verwenden und zahlen dafür auch weniger für das Wegführen der Erde.

Je früher Sie mit dem Anlegen des Gartens beginnen, umso rascher bekommen Sie schattige Sitzplätze! Zwei hochstämmige Laubbäume können auch als „vollautomatische" Beschattung der Süd- und Westfenster geplant werden.

Eine Gartengestaltung samt Bepflanzungsvorschlägen sollten Sie schon während der Planungsphase bestellen! Dann können Sie auch schon vor Baubeginn in einem abgetrennten Bereich des Bauplatzes Laubbäume und z.B. eine „Naschhecke" mit verschiedenen Beeren und Sträuchern setzen. Wenn Sie dann im darauffolgenden Jahr einziehen, gibt es schon erste, schattige Gartenflächen!

war dementsprechend entspannt, als er mir sagte, dass ich die Hecken und Sträucher natürlich schon regelmäßig zurückschneiden müsste, um Wildwuchs zu verhindern. Weil er aber wusste, dass ich solche Arbeiten scheute, erklärte er sich bereit, zwecks Rückschnitts bei uns vorbeizukommen.

„Nimm schweres Gerät mit", rief ich noch in den Hörer, aber da hatte er schon aufgelegt.

Eine Stunde später klopfte er an der Terrassentür. Meine Tochter stürmte dem Mann entgegen, den sie von so vielen Besuchen kannte, wenn er mit Katalogen und Gartenzeitschriften angerückt und jedes Mal mit einem seligen Grinsen wieder abgereist war. Sie öffnete die Tür, schob sie zur Seite, und der Gärtner hielt uns einen riesengroßen Blumenstrauß ins Gesicht. Dadurch konnten wir alle nicht sehen, wie die Kleine hinausschlüpfte und im Unterholz verschwand.

Das Letzte, das wir von ihr hörten, war ein fröhlich gekrähtes „Rutschen! Schaukeln!". Sie hatte sich offenbar auf die Suche nach ihrem im Dickicht versunkenen Klettergerüst gemacht, was uns die ungefähre Richtung vorgab, in der wir suchen mussten. Und tatsächlich: Nach eineinhalb schweißtreibenden Stunden, in denen wir uns eine Schneise durch die Hecken und Sträucher geschlagen hatten, fanden wir sie, wie eine Katze eingerollt, friedlich schlummernd unter einem Hartriegelstrauch.

Der Gärtner verabschiedete sich erleichtert, und ich machte mich frisch ans Werk. Ich holte aber nicht die Heckenschere oder die Motorsäge, sondern einen Benzinkanister und Zündhölzer.

Nach der Brandrodung habe ich die gesamte Gartenfläche zubetoniert. Mit grünem Nadelfilz bezogen, schaut das fast so aus wie echtes Gras! Ich spare mir dadurch das Rasenmähen, und die Plastiksträucher in ihren fahrbaren Blumentöpfen kann ich hin und herschieben, wie es mich freut.

Beziehungsweise stelle ich sie dorthin, wo meine Frau sie haben will.

„WENN SICH HANDWERKER STREITEN"

Wirklich schwer hat's der Bauherr

Ein ganz normaler Tag in Bauphase 57

D as Handy läutete. Völlig erschöpft vom Arbeitseinsatz am Vortag im Heimwerkerhochleistungszentrum für Fortgeschrittene, wie ich meine Baustelle jetzt nannte, wurde ich unsanft aus meinem wohlverdienten Erholungsschlaf gerissen. Der etwas exzentrische Erdmassenumschichter brüllte mir ins Ohr, es sei bereits sieben Uhr und wo ich mich herumtriebe. Er warte bereits eine halbe Stunde auf mich. Auf meinen Einwand, dass wir unseren Termin erst für acht Uhr vereinbart hätten, vernahm ich noch das Götz-Zitat bevor er das Gespräch abrupt beendete. Begleitet von einer Unmutsäußerung über den Lärmpegel in aller Herrgottsfrüh drehte sich meine Frau noch mal im Bett um.

Auf dem Weg ins Bad läutete es abermals. Es waren die Elektriker, die den Schlüssel für den Baustromkasten suchten. Der war sicher verwahrt in meiner Baustellenhose, die sich im Flur vom Vortag erholte.

Nach einer kurzen Katzenwäsche machte ich mich widerwillig auf den Weg. Eine Dreiviertelstunde und vier Anrufe später traf ich auf der Baustelle ein.

Ein filmreifes Szenario bot sich mir.

Auf der einen Seite waren der Baggerfahrer und der Installateur in eine lautstarke Konversation vertieft, die schon fast in ein leichtes Handgemenge ausartete. Von oben spähte das Elektrikerduo, jeweils bestückt mit einer Bierdose auf den drohenden Hahnenkampf. Der Maurer und der Pool-Styroporsteinsetzer sowie mein Nachbar bildeten eine weitere Zuschauerfront, die gerade Wettquoten über den Ausgang des Gefechtes festlegten.

Durch mein Erscheinen stand ich plötzlich im Zentrum des Geschehens und wurde sofort von allen mit Fragen bombardiert. In

verhältnismäßig kurzer Zeit erreichte ich, dass alle wieder ans Werk gingen. Gewisse Unruhepole jedoch bedurften einer Intensivbehandlung, wie der Baggerfahrer, dessen Aushub für die Erdkollektoren sich scheinbar nicht mit den Vorstellungen des Installateurs deckte. Mit all meiner Überzeugungskraft und unter Einsatz von sämtlichen mediatorischen Fähigkeiten gelang es mir, die Situation gekonnt zu klären.

Laut fluchend bestieg der Baggerfahrer sein gelbes Ungetüm und startete. Die aufsteigende schwarze Rauchwolke hüllte den Installateur vollkommen ein, seine Position konnte nur durch das laute Husten bestimmt werden. Als die Sicht etwas klarer wurde, sah ich den Rohrschlosser den Bagger besteigen und wild gegen die Kabine hämmern.

Resigniert wendete ich mich den Elektrikern zu, die noch immer auf den Baustellenkastenschlüssel warteten, das Hopfenblütengetränk in der Hand.

Gerade wollte ich den Schlüssel aus der Hose fischen, als ich durch einen Schmerzensschrei auf den Mauerer aufmerksam wurde. Der erste Anblick zog selbst einem hartgesottenen Kerl wie mir, der kein Blut sehen kann, fast den Boden unter den Füßen weg. Auf dem Weg zur Kellerwand, bewaffnet mit zwei Kübeln Botazit für den Dichtanstrich, hatte den Maurer die Erdanziehungskraft – unterstützt von einer herumliegenden Schaufel – übermannt. Er war gestolpert und mit dem Gesicht auf ein Steckeisen gefallen. Gott dankend, dass ich mich für die gebogene Fassung dieser Eisen entschieden hatte und gegen eine Ohnmacht ankämpfend verlud ich den Verletzten in mein Auto und steuerte das Krankenhaus an. Ich versicherte ihm, dass es nicht so schlimm sei, obwohl er aussah wie ein Preisboxer nach der 22. Runde.

Nach zwei Stunden Krankenhausaufenthalt und unzähligen Hilfeanrufen von der Baustelle traf ich mit dem Maurer und seinem zusammengeflickten Augenlid wieder im Chaos ein.

Hier schien die Zeit stehen geblieben zu sein. Die beiden Elektriker mimten ein Arbeiterdenkmal, und von der anderen Seite hallten noch immer wüste Beschimpfungen den Hang herauf. Auf meine leise Anfrage an die Elektriker, ob sie an den Folgen eines Schlaganfalls lei-

den und deshalb bewegungsunfähig seien, verwiesen sie mich auf den fehlenden Schlüssel des Baustromkastens, den ich ihnen nun endgültig aushändigte.

Beim Anblick der Arbeitsgeschwindigkeit des Poolsteinsetzers während er die Styroporsteine hinunter trug, löste sich mein Traum vom Fertigstellungstermin in Luft auf. Wenn er sich noch eine Spur langsamer bewegte , würde er in der Zeit zurückgehen. Ich rief ihm ein paar aufmunternde Worte zu. Weil es schien, dass ich schneller stünde als er ginge, sah ich mich gezwungen einzugreifen. Ich bewies ihm, dass man nicht jeden Stein einzeln tragen müsse, sondern mit dem Einsatz von Hightech-Geräten, wie zum Beispiel von Scheibtruhen, ganze Gruppen von Steinen transportiert werden könnten.

Die ungewohnte Ruhe zwischen Baggerfahrer und Installateur ließ mich aufmerksam werden. In der Hoffnung, dass sie endlich ein Team gebildet hatten, warf ich einen prüfenden Blick in ihre Richtung. Der Baggerfahrer kam gerade schnaubend auf mich zu und fragte mich, wo das Putzstück für den Regenwasserkanal sei. Auf meine Antwort, dass er den Installateur fragen sollte, verwies er mich auf dessen Unfähigkeit und beauftragte mich, dass ich das Teil sofort herbringen müsse. Da ich mich aber um die inzwischen verwaiste Arbeit des Maurers, nämlich den Dichtanstrich kümmern musste, wollte er die Sache doch selber in die Hand nehmen.

Ich begann gerade mich mit dem erdölartigen Gebräu vertraut zu machen, als mich der Hilferuf des Poolmenschen erreichte. Er bräuchte mich zum Einbohren der Eisenstäbe.

Also verließ ich meinen 25. Baustellenarbeitsplatz und bewaffnete mich mit der Bohrmaschine. Es war gerade Mittag und es hatte 60° in der Sonne, Schatten gab es keinen.

Nach einer Stunde, vier Liter Flüssigkeitsverlust und schwerst dehydriert kroch ich aus dem Poolloch. Ich sehnte mich nach einem kühlen Bier und schwankte in Richtung Rohbau, als ich dem Baggerfahrer über den Weg lief. Ein Fehler, wie sich herausstellte. Er fragte mich, ob ich jetzt endlich das Putzstück besorgt hatte. Als ich ihm entgegnete, dass er selber das doch hätte erledigen wollen, schleuderte er seine Kappe zu Boden, drehte sich um und entfernte sich mit Worten, die ich in dieser Form noch nicht gehört hatte. Dann stieg er in sein Auto und brauste mit heulendem Motor davon. Der aus der Baugrube auftauchende Installateur bestätigte meinen Verdacht, dass es sich bei dem Erdverschieber um einen psychischen Grenzfall handeln dürfte.

EXPERTENTIPP

„Sicherheit am Bau"

In den Krankenhausstatistiken rangieren Unfälle von Hausbauern ganz oben. Die meisten davon gehen glücklicherweise glimpflich aus, manche Bauherren tragen jedoch auch bleibende Schäden davon. Daher sollte man/frau sich als büroarbeitende(r) Angestellte(r) nicht wundern, wenn man/frau mit durchtrainierten Bauarbeitern irgendwann nicht mehr mithalten kann.

Unfälle können z.B. bei folgenden Bereichen passieren:
- Bei Erdarbeiten (Verschüttungsgefahr)
- Durch unsachgemäß gelagerte Baustoffe (können umstürzen, herunterfallen)
- Mit ätzenden Baustoffen (z.B. Kalk) und Chemikalien
- Durch Einatmen von Feinstaub bei Dämmungen, Schneidarbeiten etc.

- Absturzgefahr durch Deckenöffnungen (Stiegen, Schächte etc.), von ungesicherten Balkontüren, Dächern usw.
- Bei unsachgemäßer Elektroinstallation
- Durch den Umgang mit ungewohnten Maschinen (Kreissäge, Motorsäge, Druckluftnagler etc.)

Für viele Unfälle kann auch der Bauherr persönlich zur Haftung herangezogen werden, wenn die Sicherheitsbestimmungen bzw. Baukoordination nicht ordnungsgemäß eingehalten werden. Auch hier ist ein Baubegleiter wieder sehr empfehlenswert, der diese Aufgaben und Haftungen übernimmt.

Ein Abschluss entsprechender Versicherungen (Rohbauversicherung, Er- und Ablebensversicherung etc.) ist in jedem Fall sehr ratsam.

Ich wendete mich wieder meiner Dichtanstrichaufbringungsarbeit zu. Nachdem ich mir telefonische Anleitungen von der Baufirma geholt hatte, gestaltete sich das Ganze nicht allzu schwierig. Gerade als ich zurücktrat, um meinen ersten Quadratmeter zu betrachten, passierte es. Ich stolperte über den offenen Botazitkübel, das Gebräu ergoss sich auf die Erde und in meinen behelfsmäßigen Arbeitsschuhen, den Gesundheitsschlapfen, rutschte ich aus und landete mit dem Hinterteil in der schwarzen Masse. Während ich noch über mein Ungeschick lamentierte und mich selbst beschimpfte, verlangte die Stimme aus dem Pool wieder nach mir. Im Vorbeigehen sah ich einen der Elektriker an der Kelleraußenwand lehnen. Sein Kollege würde jetzt von innen einen Durchbruch bohren.

Misstrauisch und wohl wissend, dass dies ein gewisses Gefahrenpotential für die Kellerwand mit sich brächte, machte ich mich sofort auf den Weg hinein in den Keller. Schon auf halbem Weg hörte ich das Bohren und beschleunigte meine Schritte. Entgegen meiner Vorahnung erwies sich der Mann als wahrer Bohr-Vollprofi und die Arbeit schritt reibungslos voran.

Schon kurz darauf glitt die Bohrmaschine ins Leere. Von draußen ertönte ein befriedigtes „Paaasst, schaut gut aus". Damit war das Profitum leider vorbei. Der bohrende Kollege wollte nun die Bohrmaschine zurückziehen, es gelang nicht. Der Bohrer steckte fest. Der Mann fluchte, riss wie wild daran, startete die Maschine neu und schob sie mit einem Ruck nochmals durch das Bohrloch. Ein markerschütternder Schrei – ähnlich dem Brunftheuler einer Seekuh – erklang von draußen.

Wir stürmten hinaus zu dem Kollegen, der den Durchbruch überwacht hatte. Sein rechter Zeigefinger war in seiner linken Faust verschwunden, Blut tropfte heraus.

Er hatte mit seinem Zeigefinger von außen das Bohrloch erkundet, als ihm der Bohrer erneut mit voller Wucht entgegenkam. Als bereits erfahrener Erste-Hilfe-Bauherr, drehte ich sofort um und startete mein Auto. Wieder in die Notaufnahme. Weil ich innerhalb von wenigen

Stunden den zweiten Verletzten brachte, ereilten mich ich einige misstrauische Blicke und auch Kommentare über meine Top-Baustelle.

Nach einer Stunde konnte ich den Mann mit genähter Zeigefingerkuppe wieder mitnehmen. Beim Einsteigen in mein Auto sprang mir der schwarze Abdruck meines geteerten Hinterteils sofort ins Auge. Das war der Augenblick, in dem mein über alles geliebter 3er-BMW endgültig zum Baustellenfahrzeug degradiert wurde.

Als wir auf der Baustelle ankamen, dämmerte es bereits und ich traute meinen Augen nicht. Der heil gebliebene Elektriker, der etwas ausgezehrte Poolsteinsetzer, der erschöpfte Installateur, der ungewöhnlich ruhige Erdumschlichter und der Nachbar (wieso der eigentlich?), sie alle saßen einträchtig beim verbliebenen Rest der Bierkiste zusammen und erzählten sich Blondinenwitze.

Ich ließ mich auf den letzten freien Sessel fallen und erkannte: Bauherr werden ist nicht schwer, Bauherr sein … eh scho wissen.

„…AU!"

Rollenverteilung

oder: Von HausHERREN und HausFRAUEN

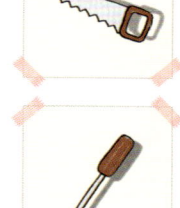

Haben Sie schon einmal eine Maurerin gesehen? Damit meine ich eine Frau, die mit abgeschnittenen Jeans und einem fleckigen Leiberl (eventuell auch noch mit einer Zigarette im Mundwinkel) in brütender Hitze Ziegel auf Ziegel schlichtet und dabei dem Lehrbuben mit markigen Sprüchen Beine macht. Wenn Sie einmal eine solche erspähen, dann sollten Sie sie unbedingt fotografieren! Das Bild ist vermutlich einiges wert.

Oder eine Zimmererin? Allein das Wort schon!

Eine Tischlerin kenne ich zwar persönlich – aber auch die übt ihren Beruf nicht mehr aus. Ich kenne auch eine Baggerfahrerin, die gleichzeitig Elektrikerin ist; dabei muss ich aber so fair sein, zu erwähnen, dass sie vor zwei Jahren noch ein Mann war.

Also, wenn man genau hinsieht, dann bilden die Männer in den Handwerksberufen die Mehrzahl. Was passiert, wenn für so einen Mann um 16 Uhr 30 der wohlverdiente Feierabend anbricht, er die Maurerkelle, den Zimmererhammer oder den Hobel weglegen und heimfahren darf? Tauscht er dann, weil seine Frau als Dienstleisterin die Brötchen für die Familie beisteuert und deswegen erst nach 19 Uhr nach Hause kommt, die Kelle mit dem Kochlöffel? Die Mischmaschine mit dem Mixer? Den Holz- mit dem Gurkenhobel?

Stellt er sich zum Bügelbrett und bügelt den Haufen Wäsche weg? Und setzt er sich dann noch hin, diktiert seinem Nachwuchs Ansagen und lernt mit ihnen die Gedächtnisübungen?

Ich wage zu behaupten, dass das in den seltensten Fällen passiert. Das soll jetzt aber nicht heißen, dass die Vertreter der Bau- und Handwerksbranche keine Ahnung haben von Halbe-Halbe, und ich möchte sie auch nicht an den Pranger stellen, wenn sie bis 19 Uhr geduldig und

hungrig auf das Nachhausekommen der Ehegattin warten, die ihnen dann die vorgekochte Mahlzeit in die Mikrowelle und dann auch noch auf den Tisch stellt.

Ich möchte auch nicht die traditionellen Rollenbilder hinterfragen oder kritisieren. Jede Familie soll so leben wie sie möchte – Hauptsache, es fühlen sich alle wohl.

Bei uns zu Hause wird Halbe-Halbe gelebt. Klar, manchmal ist die eine Hälfte ein bisschen größer als die andere, aber unterm Strich teilen sich die Aufgaben ganz gut auf die handelnden Personen auf. Es ist auch eine Tatsache, dass jeder seine Lieblingsaufgaben hat und einige Tätigkeiten aufgrund persönlicher Abneigungen strikt abgelehnt werden. Meinen Mann dazu zu bringen, mit Begeisterung das Bad oder das Klo zu putzen, würde eine Aufgabe darstellen, dagegen scheint die Aufgabe vom alten Sisyphos mit seinem Stein lächerlich einfach. Dass ich hingegen die vollen, stinkenden, triefenden Kübel mit Rest- oder Biomüll ins Freie bringe und sie dort ihrer Bestimmung übergebe, wird erst passieren, wenn sich mein Mann für zwei Wochen im Ausland aufhält, und mir nichts anderes übrig bleibt.

Man (und frau auch) kann aber im Alltag noch so gut aufpassen, dass jede(r) gleich viel erledigt, dass keine(r) benachteiligt wird und keine(r) in irgendwelche Klischees hineingezwängt wird: Die Errichtung eines Eigenheims ist eine genauso große Falle, in traditionelle Rollen zu kippen, wie die Geburt eines Kindes. Da ist auch in den meisten Fällen klar, wer was zu tun hat: Stillen beispielsweise, das kann halt nur die Frau; für die größer gewordene Familie zu sorgen, bleibt (zumindest in der ersten Zeit) dem Mann vorbehalten.

Und auch beim Hausbau kristallieren sich schon ganz am Anfang archaische Strukturen heraus.

Da steht dann eine bis in die gefärbten und noch nicht gespaltenen Haarspitzen emanzipierte Hausherrin mit neu erstandener Latzhose und gespreizten Fingern (damit die neuen, etwas großen Arbeitshandschuhe nicht von den Händen rutschen) am Bauplatz und blickt mit vorgerecktem Kinn aufrechten Hauptes dem Bagger entgegen, der jetzt

gleich die Baugrube ausheben soll. Nach Eintreffen von Bagger und seinem Fahrer entspinnt sich folgender Dialog, der die Frau dazu veranlasst, die Handschuhe ganz schnell wieder im Familienauto zu verstauen und die Latzhose fürs nächste Kostümfest einzumotten:

Baggerfahrer: „Is da Chef aa do?"
Hausherrin: „Nein, aber die Baugrube ist genau angezeichnet,
                     der Humus…"
Baggerfahrer: „I wü wissen, ob da Chef aa do is."
Hausherrin: „Nein, aber wenn Sie bitte den Humus dann da…"
Baggerfahrer: „Waun kummta denn da Chef?"
Hausherrin: „Heute gar nicht, aber…"
Baggerfahrer: „Guat, daun foa i wieder."

Spätestens beim Estrich, wenn sich der Arbeiter erkundigt, ob das der Meterriss ist, nach dem er sich richten soll, wird auch die ambitionierteste Baufrau erst einmal lang überlegen und dann wahrscheinlich antworten: „Das weiß ich nicht. – – – Ich bin eigentlich nur für die Dekoration zuständig!"

Apropos Dekoration: Macht sich bitteschön einmal ein Handwerksdesigner (und ich bin sicher, diesen Beruf gibt es) die Mühe, dekoratives Werkzeug zu entwerfen, das man auch als Frau gerne in die

Hand nimmt? Denn egal ob Mischmaschine, Ziegelsäge, Motorsäge, Kreissäge, Kappsäge, Bohrmaschine, Hammer, Stemmeisen, Spachtel oder Kelle: außer Funktionalität strahlen diese Trümmer gar nichts aus! Hier eine Quaste, dort eine kleine Zierleiste… da käme doch gleich viel mehr Farbe auf die graue Baustelle!

Aber eigentlich war es mir ganz recht, nicht allzu viel heben, schleppen und stemmen zu müssen. Ich habe meinen Mann davon überzeugt,

EXPERTENTIPP

„Vermeiden Sie diese typischen Baufehler!"

Die Gespräche mit Bauherren und Baufrauen zeigt, dass folgende Fehler leider immer wieder passieren:

- Keine oder zu wenig unabhängige Beratung (Planung, Haustechnik, Materialien, …)
- Zu große oder zu viele Räume, unnötige Gänge, …
- Vorschnelle Entscheidungen, Hereinfallen auf Verkäufertricks
- Der Glaube, dass Fertighäuser immer viel günstiger sind
- Einbau nicht mehr zeitgemäßer Haustechnik (z. B. Solaranlage fehlt)
- Keine detaillierte Kostenplanung
- Angebote ohne exakter Leistungsbeschreibung, nicht vergleichbar!
- Keine Detailplanung (Einrichtung, Baudetails etc.)
- Keine exakte Bauzeitplanung

- Keine Kostendokumentation und Kostenkontrolle, Fertigstellung nicht mehr finanzierbar
- Wenig Baukontrolle und Mängelrügen
- Keine Zeit für Erholungspausen oder Hobbys
- Wenig Erfahrung mit Bauarbeiten daher höheres Verletzungsrisiko
- Durch Doppel- und Dreifachbelastung (Familie, Beruf, Hausbau) körperliche und psychische Überlastung.

Diese Faktoren sollten Sie von Anfang an mit Ihrer Partnerin/Ihrem Partner bewusst durchdenken, da diese Fehler meistens eine größere Tragweite haben, als kleine architektonische Details.

Vielleicht kommen Sie auch darauf, dass das Hausbauen für Sie gar nicht das Richtige ist und eine schöne Wohnung oder ein Reihenhaus Sie glücklicher macht!

dass es ihm körperlich gut tut, wenn er das erledigt und mir das Denken und Lenken überlässt. So konnte ich ganz subtil meine dringlichsten Wünsche durchsetzen, und er hat sich auch noch über wachsende Arm- und Schultermuskeln gefreut.

Für mich sind Arbeiten übrig geblieben, die man unter dem Begriff „Nachschub" zusammenfassen kann: Jause und Getränke holen und fehlende Werkstoffe und Materialien herbeischaffen. Allerdings habe ich meinen Mann für so präzise Angaben wie „Geh, holst bitte ein paar Schrauben" des öfteren verwünscht. Vor dem riesigen Regal im Baumarkt zu stehen und nicht zu wissen, ob man jetzt Spanplattenschrauben oder doch andere kaufen soll, ist nicht recht angenehm, wenn man weiß, zu Hause warten die Handwerker darauf. Und ist die eine Entscheidung einmal gefallen, wartet auch schon die nächste: Welche mit Kreuzschlitz oder mit Torx? Wie lang? Wie dick? Wie viele? Mit Senkkopf oder ohne? Verzinkt oder Edelstahl?

Nach dem ersten Rateausflug in die Schraubenabteilung habe ich immer ganz exakte Angaben über Anzahl, Art, Länge und Durchmesser eingefordert. Vorher habe ich mich gar nicht in Bewegung gesetzt. Was noch besser funktioniert hat: Eine Schraube als Muster mitnehmen, dem Verkäufer im Baumarkt vor die Nase halten und hauchen: „Solche. 200 davon, und bitte hurtig."

Auch für das Abkleben von Wänden und Decken vor dem Lehmputz und dem Ausmalen war ich zuständig, und sogar während meiner Schwangerschaft hat sich Arbeit für mich gefunden: Beim Verlegen des Fußbodens habe ich mich auf das jeweils letzte Brett gestellt und es somit nach unten gedrückt, damit mein Mann das nächste Brett gut in die Nut klopfen konnte. Dass er mich dafür als „Wuchtgewicht" bezeichnet hat, war allerdings weniger charmant.

Niedere Tätigkeiten? Die gibt es meiner Ansicht nach am Bau nicht. Es ist alles gleich wichtig, und sogar auf solchen Baustellen, wo die Rollenverteilung schon von Anfang an feststeht, herrscht letztendlich Halbe-Halbe, und der eine wäre ohne die andere aufgeschmissen.

Baustellendeutsch für Anfänger

In diesem Kapitel wird versucht, die gängigsten Phrasen von Fachleuten so zu übersetzen, dass der wahre Kern zum Vorschein kommt.

Das sagt der Fachmann	Das kann es heißen
„Das geht sich zeitlich sicher so aus, wie Sie sich das vorstellen."	„In drei Wochen schauen wir mal, ob sich eine Partie findet, die zu Ihnen kommt."
„Das ist ein Fixpreis."	„Es kostet sicher einmal so viel. Plus das, was noch dazu-kommt, nämlich Material, Arbeitsstunden, die Leasingrate für mein neues Auto, die Reitstunden für meine Tochter und der Urlaub in Caorle." (bei einem unseriösen Anbieter) oder „Es kostet tatsächlich so viel, weil ich schon im Vorhinein diverse Mehraufwände, Reklamationen und Überstunden hineinkalkuliert habe. Damit finanziere ich die Tennis-stunden meiner Frau, den DVD-Recorder meines Sohnes und die Sauna im Ferienhaus in Ischgl." (bei einem seriösen Anbieter)
„Haben wir noch nie ge-macht, ist aber sicher kein Problem."	„Wollen Sie es nicht lieber selber verpfuschen? Ich habe nämlich keine Ahnung; aber wenn Sie unbedingt dafür bezahlen wollen …"
„Das hat mir keiner gesagt."	„Ich bin zwar der hoch bezahlte Profi, aber das Denken müssen schon Sie übernehmen!"
„Ah, des geht scho."	„Das hält bis zum Ablauf der Reklamationsfrist, und wenn vorher was schiefgeht, dann hab ich einen guten Rechtsschutz!"

Das sagt der Fachmann	Das kann es heißen
„Das kostet zirka…"	„Gehen Sie einmal mindestens vom Doppelten aus, und rechnen Sie an ungeraden Tagen die Jahres-durchschnittstemperatur von Albanien dazu."
„Das gehört so."	„Wie es anders geht, weiß ich nicht, aber ich habe jetzt weder Zeit noch Lust dazu, mich länger damit zu beschäftigen." oder „Ich weiß auch, dass es nicht passt, aber das ist ja nicht meine Baustelle."
„Das steht dann eh alles in der Betriebsan-leitung von Ihrem neuen Heizkessel."	„Ich hab die Betriebsanleitung selber noch nicht gelesen, aber ich glaub, dort ist auch die Telefonnummer von einer Servicehotline drin, die sauteuer und rund um die Uhr nicht besetzt ist."
„Also das Problem haben wir noch nie gehabt. Das ist ein Qualitäts-produkt!"	„Mit diesem Produkt haben wir immer Probleme, deshalb müssen Sie jetzt auch 12 bis 18 Wochen warten, bis wir den Schaden beheben."
„Ach so woll-ten Sie das? Steht das so im Bauplan?"	„Verdammt, wo hab ich den blöden Plan versumpert?" oder „Meine Arbeiter waren nicht in der Lage, es umzusetzen und ich möchte nicht für die Änderungsarbeiten aufkommen."
„Geht net, gibt's net."	„Geht net." oder „Geht, aber es kostet sehr sehr viel."

„Dann brauch ich jetzt noch eine Anzahlung, am besten gleich in bar."	„Ich brauche dringend Geld, um das Material für diesen Auftrag einkaufen zu können, und wenn Sie Glück haben, dann kann ich liefern, bevor meine Firma in Konkurs geht."
„Ups." oder „Auweh." oder „Uijegerl.	„Verdammt! Jetzt aber nichts wie weg hier."
„So. Und was machen wir da jetzt?"	„Der Chef hat mir nur die Adresse gegeben, ohne jede Instruktion; bitte unterweisen Sie mich, ich habe nämlich keine Ahnung."
„Des wird schon."	„…aber nicht mit unserer Firma und nicht um das Geld, weil wir noch ewig dafür brauchen werden."
„Des passt schon so."	„Mir gefällt's auch nicht, aber um das Geld finden Sie niemanden, der es besser macht."
„Des moch ma scho."	„Wir wissen noch nicht wann und wie, aber sonst machen Sie es halt selber!"
„Ich würd das so machen."	„Das bringt mir nämlich mehr Geld."
„Wollen Sie das wirklich so?"	„Ich hätte eine Variante, die noch teurer wäre!"
„Wie Sie wollen!"	„Ich mach es so, wie ich glaube."
„Eine andere Möglichkeit wäre noch…"	„Das wäre nämlich billiger für mich, Ihnen verrechne ich aber das Vereinbarte."

„FRANZOSE"

Baustellen ABC

Fachausdrücke und was sie bedeuten

Baustellen-ausdruck	Das könnte es sein?	Das ist es wirklich
Franzose	Ein ausländischer Handwerker	Spezielle Schraubzange
Leisten auf Gehrung schneiden	Hat das etwas mit Alkohol auf der Baustelle zu tun?	Sesselleisten werden in den Ecken schräg zugeschnitten.
Wo sind die Bits? Ich brauche einen Tork für den Spax!	Hört sich nach etwas sehr Großem und Hochtechnischem an!	Bits sind verschiedene Schraubeinsätze (z.B. Tork) für unterschiedliche Schrauben (z.B. Spax).
NF Ziegel	Ein nie-fertig Ziegel?	Normal Format Ziegel 6 x 12 x 25 cm
Bewehrung	Arbeiten Häftlinge auf unserer Baustelle?	Bei Betondecken etwa wird eine Bewehrung (= Verstärkung) aus Stahleisen eingebaut.
schwinden	Unsere Holzdecke verschwindet mit der Zeit???	Holz schwindet, d.h. es zieht sich durchs Trocknen zusammen.

Baustellen-ausdruck	Das könnte es sein?	Das ist es wirklich
einschmatzen	Begrüße ich so meine Frau auf der Baustelle?	Ziegel von Zwischenwänden werden in die Außenmauer eingebunden.
Biberschwanz Deckung	Müssen für unser Dach wirklich tausende Biber sterben?	Gemeint ist eine Dachdeckung mit unten abgerundeten Dachziegeln.
Mönch und Nonne Deckung	Dürfen die das überhaupt?	Sieht man in der Toskana, sehr „wellige" Dachdeckung wo der Mönch(-Ziegel) oben und die Nonnen (-Ziegel) unten sind.
Tacker	Tickt unser Zimmerer nicht mehr richtig?	Klammern werden mit einem Heftgerät z.B. durch die Dampfbremse geschossen.
Umkehrdach	Sehe ich hier auf einmal die Dachziegel innen?	Bei einem Flachdach liegt hier die Wärmedämmung über der Feuchtigkeitsisolierung.
Krampen	Wer beleidigt unsere Malerin?	Werkzeug zum Auflockern von Erdreich
Überleger	Philosoph	Waagrechter Teil einer Türöffnung
Schaltafel	Überdimensionaler Tonträger	Holztafel für Betonarbeiten
Putzmaschine	Reinigungsgerät	Macht mehr Mist als sauber
Flex	Frühstückszerealien für den gesundheitsbewussten Maurer	Winkelschleifer/ Trennscheibe

Baustellen-ausdruck	Das könnte es sein?	Das ist es wirklich
Flexkleber	Haftcreme für Winkelschleifer	Fliesenkleber für Außenbereich und Steinböden
Fäustl	Handschuh/ sanfter Kinnhaken	Schwerer aber kleiner Hammer
16er-Blech	Auf 16 mm Stärke ausgewalztes Alublech	Dosenbier
Spachtelmasse	Breiiges Naschwerk	Zähflüssige Masse zum Ausgleichen von Unebenheiten
Zahnspachtel	Zahnarztwerkzeug	Werkzeug zum Aufbringen des Fliesenklebers
Reibbrett	Kratzbaum	Werkzeug für Feinputz
Senkkopf	Deprimierter Heimwerker	Spezielle Holzschraube (für Harthölzer)
Styrodur	Tonart; das Gegenteil von Styromoll	Dämmstoff
Fuchsschwanz	Dekoration für Autoantennen	Handsäge
Maurerdécolleté	Sexy Anblick eines muskelbepackten Oberkörpers	Wenn die Handwerkerhose so auf den Hüften hängt, dass sich die Pobacken als nackte Tatsachen präsentieren. Steigerungsstufe: haariges Maurerdécolleté
Russischer Leuchter	Schöner Kronleuchter mit Swarovski-Kristallen	Staubige Glühbirne, die am nackten Stromkabel hängt, oft auch noch in fertigen Wohnzimmern zu finden.

Hausbauseminar
„Wie man baut und trotzdem lacht!"

Sie erfahren hier alles über energiesparendes Planen, Bauen & Sanieren. Wer vor hat, ein Haus neu- oder umzubauen, steht schon im Vorfeld vor einem unüberschaubaren Angebot. Welche Lösungsmöglichkeiten und Umsetzungsvarianten optimal sind, ist oft nur schwer zu erkennen.

Das Autoren-Team des Buches „DESPERATE HAUSBAU" ist deshalb mit der Sparkasse Niederösterreich Mitte West AG und AREA VERDE in Zusammenarbeit mit der Umweltschutzabteilung der Stadt St. Pölten und der NÖ Umweltberatung Co-Veranstalter einer Seminarreihe samt Exkursion mit wertvollen Praxis-Tipps & -Tricks für Neubau, Umbau und Sanierung.

Auf folgende Schwerpunkte legen wir Wert:
- Traumhausplanung, Baubiologie
- Sonnenenergienutzung
- Energieberechnung und Optimierung
- Das Traumhaus aus Ziegel oder aus Holz
- Fenster, Türen, Verglasung
- Heizung, Wohnraumlüftung, Solarenergie
- So wohnt man im Passivhaus
- Elektro, Licht und Alarmanlagen
- Baubegleitung, Bauüberwachung
- Garten, Schwimmteich
- Wohnbauförderung, Althaussanierung

Die Veranstaltungsreihe beginnt mit einem kostenlosen Einführungsabend und wird mit einem halbtägigen Seminar & Workshop sowie einer halbtägigen Exkursion zu 3 Traumhäusern fortgesetzt. Es gibt nur eine begrenzte Teilnehmerzahl!

Weitere Infos finden Sie auf www.traumhausplanung.at und www.areaverde.at

Bauen im Gleichgewicht –

Vom Haustraum zum Traumhaus (2. erweiterte Auflage)

Als Bau- und Kommunikationspraktiker haben wir – die Autoren – bisher einen umfassenden Leitfaden für den Hausbauer vermisst, der „gesund, gescheit und günstig" bauen will. Keine „Do-it-yourself"-Anleitung zum Selberbauen, sondern Wissensvermittlung, die den angehenden Hausbesitzer stark machen soll. Stark genug, um die eigenen Wohnbedürfnisse erkennen und artikulieren zu können, stark, um den vielen Professionisten die richtigen Fragen stellen und ihnen ein kritisches Gegenüber sein zu können.

Wir wollen beweisen, dass energiesparendes und umweltfreundliches Bauen nicht teurer als herkömmliches Bauen sein muss. Dass Energiesparhäuser nicht ein Privileg für Topverdiener sein müssen. Und dass Bauökologie nicht „verbiesterte Ideologie", sondern schlicht und einfach ein „gesunder, gescheiter und günstiger" Weg zu einem komfortablen Traumhaus ist.

Wir haben uns bemüht, ein leicht lesbares Sachbuch zu schreiben, das ein möglichst breites Spektrum des Themas „Hausbau" abdeckt. Die zukünftigen Hausbesitzer sollen hier ebenso Anregungen finden, wie Professionisten, die offen sind für einen neuen Weg zum Bauen.

Wenn wir mit unserem Buch einige Menschen zu einer bewussteren Planung ihres Hauses animieren und sie dann letztendlich zufriedener mit ihrem Haus sind, dann haben wir eine Menge erreicht.

Julian Schmid, Fritz Gillinger
244 Seiten, 1000 Abbildungen,
durchgehend 4-färbig

Preis: € 21,65 inkl., versandkostenfreie Bestellung unter
www.traumhausplanung.at,
T 02741/8131, F 02741/7186

Empfehlenswerte Internet Adressen

BAUEN UND WOHNEN

www.traumhausplanung.at –
Planungsbüro für sonnige,
ökologische & energiesparende
Neu- & Umbauten

www.hausbauforum.at –
Bauherrenportal für ökologischen
Hausbau und Sanierung

www.areaverde.at – Team von Fachleuten mit jahrelanger Erfahrung bei
Sanierung, Neu- und Umbau.

www.geoklang.at – Radiästheten
(Wünschelrutengeher)

www.lehm.at – Lehmputz

www.boria.at – Einrichtungsplaner,
Tischler

www.sto.at – Wärmedämmsysteme,
Transparente Wärmedämmung

www.gap-solar.at – Transparente
Wärmedämmung

www.naturi.at – Massivholz
Bausystem

www.longin.at – Massivholzhäuser

www.redbloc.at – Ziegelfertigteile
ohne Eisen

www.naturimgarten.at –
Aktion vom Land NÖ und
"die umweltberatung"

ENERGIE

www.areaverde.at – Team von Fachleuten, mit jahrelanger Erfahrung bei
Sanierung, Neu- und Umbau.

www.ofenbinder.at – Installations-
betrieb für Alternativenergien, Photovoltaik und Wohnraumlüftung

www.hausbauforum.at –
Bauherrenportal für ökologischen
Hausbau und Sanierung

http://wohn2.spknoe.at –
Hausbauseminare in NÖ

www.erdwärmeheizung.at – Alles
über Erdwärme und Wärmepumpen

www.energieberatung-noe.at –
Kostenlose Beratung, Broschüren,
Rechenprogramm

www.umweltberatung.at –
Broschüren, Beratungen, Seminare

www.hafnertec.com – Kachelofen
Ganzhausheizsysteme

www.pelletsheizung.at –
Pelletsheizungen

www.bv-pv.at – Infos über
Photovoltaikanlagen

www.bauteilrechner.cc –
Rechensoftware für U-Werte,
Energiekennzahlen etc.

www.austriasolar.at – vertritt die
Solarthermie-Branche Österreichs

www.eurosolar.at – gemeinnützige Vereinigung für Erneuerbare Energien

www.biomasseverband.at – Förderung nachhaltiger Energieversorgung

www.igwindkraft.at – Interessensvertretung für Windenergiebetreiber

www.hausderzukunft.at – solares und energieeffizientes Bauen

www.oekostrom.at – Strom aus erneuerbaren Energieträgern

www.aae-energy.com – unabhängiger Naturstromlieferant.

www.sol-ution.com – Solaranlagenhersteller mit langjähriger Erfahrung

www.idm-energie.at – verlässlicher Wärmepumpenhersteller

www.duscholux.at – Alles für Wohlfühl-Bäder

PERIODISCHE INFORMATIONEN / PLATTFORMEN

www.landeshauptstadt.at – Großer Bauen & Wohnen Schwerpunkt

www.lebensart.at – Magazin für eine nachhaltige Lebenskultur

www.renovation.co.at – Das Magazin für Hausbau, Umbau und Wohnkultur

www.energiesparhaus.at – Plattform rund ums Energiesparhaus

www.energieinstitut.at – berät, bildet und forscht für sinnvollen Energieeinsatz

www.donau-uni.ac.at/mbs – Zentrum für Bauen und Umwelt

www.aee.at – effiziente Energie- und Ressourcennutzung

www.esv.or.at – O.Ö. Energiesparverband, Wärme der Sonne nutzen

www.etn.wsr.ac.at – Plattform für innovative Technologien

www.sonnenzeitung.at – Zeitschrift zu Bauen und Alternativenergie

www.gdi.at – Gemeinschaft der Dämmstoffindustrie

www.oekonews.at – Plattform für Umweltneuigkeiten

www.ziegel.at – Infos u.a. zum Passivhaus der Ziegelindustrie

www.energyagency.at – Sehr viele Themen rund ums Energiesparen

WEITERE INTERESSANTE LINKS

www.altaussee.at
www.allesbio.com
www.treibhauseffekt.com
www.greenpeace.org
www.stillkissen.at
www.rauhnacht.at
www.sonnenuhren.com

Traum HAUS Planung
Schmid

Ihr persönliches Refugium

J eder Mensch braucht einen Ort, an den er sich zurückziehen kann. Wo er sein Privatleben leben kann. Ungestört, nur im Kreise seiner Familie und seiner Freunde. Jeder Mensch braucht so ein Refugium. Freundlich, vertraut, komfortabel, gesund. Auf die persönlichen Wünsche und Bedürfnisse abgestimmt.

Wir sind es Ihnen schuldig.

Weil wir diese Bedürfnisse des Menschen respektieren, planen wir natürlich. Häuser, die von Naturbaustoffen getragen werden und die sich der Sonne öffnen. Dem uralten Bedürfnis nach Geborgenheit ebenso entsprechend, wie dem neuesten Stand der Energietechnik.

Eine Lebens-Entscheidung.

Wir legen in Ihre Hausplanung das alte und das neue Wissen der Baukunst und all unsere Erfahrung hinein. Immerhin treffen Sie ja eine Entscheidung fürs Leben. Da haben Sie sich höchsten Einsatz und Kompetenz verdient.

Ing. Julian Schmid
& Partner KEG
T 02741/8131 F 02741/7186
j.schmid@traumhausplanung.at
www.traumhausplanung.at
• 3110 St.Pölten-Gabersdorf,
  Am Sonnenfeld 5
• 8992 Altaussee 159 a

Für die Zukunft gut gerüstet

Die Lust am Atmen

kann einem schnell vergehen in einem winddichten und gut gedämmten Haus. Vergleichen Sie Geruch und Befinden, wenn sie von einem nicht gelüfteten in ein wohnraumgelüftetes Haus kommen. Ein gut durchdachtes Wohnraumlüftungssystem sorgt für ausreichende Frischluft und ein gutes Wohngefühl.

Auf Sonne programmiert,
denn oben ohne ist längst out

Heizen und Kühlen mit dieser kostenlosen und umweltfreundlichen Energie lassen Sie den Marktentwicklungen gelassener entgegensehen. Auf Dauer viel Power bringt auch der Strom vom Himmel, eine Photovoltaikanlage.

Begegnung mit dem Wasser

Ob beim Entspannen in Wannen oder als prickelndes Duschvergnügen, Sie sollten auf jeden Fall auch gemeinsam baden gehen. Bei der Planung Ihres Traumbades gibt es einige Faktoren, die Ihre zukünftige Wellness-Oase so richtig lebenswert machen.

Installieren Sie, was Sie
wollen, aber wählen Sie den
richtigen Partner

Nur auf der Basis von langjähriger Erfahrung und stetiger Weiterentwicklung können innovative Gesamtlösungen für Ihre Haustechnik entstehen. Dann ist es kein langer Weg zum perfekten Ergebnis.

Danke, Egger – danke, Partner!

Selbst der größte Tausendsassa braucht beim Bau eines Hauses Hilfe. Ohne Partner geht nichts. Das ist bei einem Buchprojekt wie „DESPERATE HAUSBAU" nicht anders. In der Privatbrauerei Egger haben wir einen solchen Partner gefunden. Mit der Power eines österreichweit agierenden Getränkeproduzenten sorgte und sorgt Egger dafür, dass dieses Buch eine noch breitere Öffentlichkeit erreicht. Offen für unsere Ideen, unkompliziert, begeisterungsfähig, kompetent und verlässlich – so haben wir die Leute von Egger bei der Zusammenarbeit erlebt.

Unterstützung fanden wir auch bei der Sparkasse NÖ Mitte West AG und dem ORF Niederösterreich. Wir wünschen allen Hausbauern, dass sie bei der Erfüllung ihres Traums auch so engagierte Partner an ihrer Seite haben.

Die Autoren

Impressum:

© Copyright by Kral-Verlag

Kontaktanschrift:
Ing. Julian Schmid & Partner KEG
Energiesparhaus • Passivhaus • Baubiologie
Beratung & Planung für Neu- Alt- & Umbau
A-3110 St.Pölten-Gabersdorf, Am Sonnenfeld 5

T 0 27 41/81 31, F 0 27 41/71 86
j.schmid@traumhausplanung.at
www.traumhausplanung.at

Satz & Layout: MD-design, Markus Damböck,
agentur@md-design.at

Karrikaturen: Christoph Appel, www.appel.cc

Druck: CPI Moravia Books

Kral-Verlag
A. Kral GmbH, 2560 Berndorf, J.-F.-Kennedy-Platz 2
www.kral-verlag.at

Alle Rechte vorbehalten.

Auslieferung für Österreich: Edlemann GmbH. Wien

Auslieferung für Deutschland und Schweiz: KNV Stuttgart

Auflage 2008
ISBN: 978-3-902447-30-2